JN234425

ポケット図鑑

日本の高山植物 400

新井和也

文一総合出版

目 次

高山植物とは……………… 3
高山植物の山旅へ ………… 4
高山植物が生える主な環境 6
この本の使い方…………… 10

図鑑ページ
　白〜クリーム色の花…… 12
　黄色の花 ………………… 134
　赤〜赤紫色の花 ………… 179
　青〜青紫色の花 ………… 246
　緑〜茶色の花…………… 277

花に関する名称 ………… 298
葉に関する名称………… 300
用語解説………………… 302
高山の垂直分布………… 303
高山植物観察のポイントと注意
　………………………… 304
新井和也流高山植物撮影
　　テクニック ……… 305
レッドリストと盗掘問題… 308
シカ食害問題…………… 310
温暖化問題……………… 312
索引……………………… 314

高山植物とは

「高山植物」は高い山に生える植物と書きますが、一般的には「森林限界を超えた高山帯に生える植物」を指します。高山帯は植物にとって地球上で最も生育するのが厳しい環境の1つとなります。それは

- 短い生育期間……遅い雪解けから早い冬の訪れ、生育期間は1年で2～4ヶ月以内、極端な例では2週間程度のケースもあります。
- 極寒……冬期は－20～30°の世界、夏期でも氷点下まで下がることがあります。
- 強風……絶えず西からの季節風にさらされ、風速10～20mの強風に耐えなければなりません。
- 極度の乾燥……雪解け後は岩場や砂礫地など極端に乾燥することもあります。地上3～4cmに対し地下は50cm以上根を伸ばす種もあるのです。
- 強烈な紫外線……高山では空気の層が薄いため乾燥とともに紫外線の量も多くなります。葉の表面のクチクラ層を厚くしたり裏側に巻いたりと自衛しています。

このように高山植物は極限の環境に生きるために適応してきたのです。

高山植物の山旅へ

陽光が満ち溢れ
日増しに濃くなる緑の季節
高い山々に遅い春がやってきた。
短い夏を謳歌するかのごとく

一斉に咲き乱れる高山植物の華やぎ
雲上の楽園とも言える高山のお花畑
今年もまた登りたい。
今年はどの山へ登ろう。
儚くも可憐な命、高峰の花々に会いに。

砂礫地
北アルプス白馬岳
コマクサ

稜線付近で細かい砂礫からなる地形。凍結融解作用により砂礫の移動が激しい。コマクサ、タカネスミレ、ウルップソウ、タカネツメクサなど長い根を伸ばす植物が生える。

高山植物が生える

岩角地
南アルプス北岳
イワベンケイ

稜線付近で砂礫が崩れにくい安定した岩場などの地形。イワベンケイ、シコタンソウ、イワウメ、イワヒゲ、チョウノスケソウなどが岩影や岩の隙間に根を伸ばして生える。

主な環境

風衝草地
**南アルプス北岳
ハクサンイチゲ**

稜線上から稜線東側斜面など砂礫の移動が少なく安定した岩礫地。トウヤクリンドウ、コメバツガザクラ、ウラシマツツジなど強風に耐える背が低めの植物が生える。

崩壊地
**北アルプス涸沢岳
イワオウギ**

稜線東側斜面や岩場の基部など崩れた砂礫の移動が大きく不安定な岩礫地。イワオウギ、オンタデ、ミヤマクワガタ、ミヤマアズマギクなどが生える。

雪田草原
北アルプス朝日岳
ハクサンコザクラ

カール地形底など雪が遅くまで残る地形で見られる。生育期間が短く、チングルマやアオノツガザクラは雪田を指標する種だ。他にハクサンコザクラ、イワイチョウなど。

ハイマツ林
八ヶ岳横岳
キバナシャクナゲ

冬は枝が凍らないよう適度に積雪に覆われるが、雪解けも遅すぎない、一番条件が良い場所に生える。林縁にはコケモモのほかキバナシャクナゲ、タカネナナカマドが生える。

広葉草原、高茎草原
北岳シナノキンバイ群落

高山帯から亜高山帯にかけて、斜面〜沢沿いで冬に雪崩の作用が強まると樹木は生育できず、冬に枯れる草本からなる「お花畑」と呼ばれる草地となる。ミヤマキンポウゲ、ハクサンフウロ、クルマユリなどが密に生え、広い葉から広葉草原と呼ばれる。亜高山帯下部ではセリ科植物など群落高が高くなることから高茎草原とも呼ばれる。

落葉広葉樹林
夕張岳
シラネアオイ

亜高山帯で多雪の影響をやや受けやすい山域や斜面〜沢沿い地形に成立する。幹は積雪に押され斜面下方向を向く。ダケカンバの他ミヤマハンノキ、ウラジロナナカマドが生え、疎林状に「広葉草原」タイプの草本が混じる。なお、亜高山帯でも多雪の影響を受けにくい山域や尾根筋の地形には針葉樹林が発達しカニコウモリなど林床植物が生える。

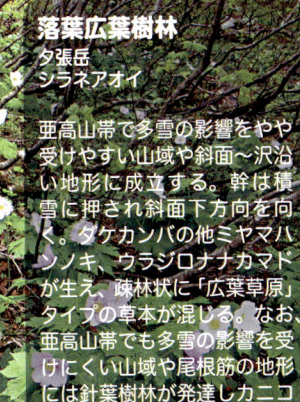

この本の使い方

掲載種

この図鑑では、高山帯(本州中部で標高 2500 m、北海道で標高 1500 m 前後以上)に生える植物を中心に、亜高山帯(本州中部で標高 1500 m、北海道で標高 500 m 前後以上)に生える植物までのうち、比較的登山者の目につきやすい 400 種を選んで紹介しています。分布や個体数が多いメジャーな種をなるべく選び、マイナーな種は割愛しましたが、花巡りの登山のなかで「あこがれ」のような花はできるだけ盛り込むようにしました。スペースの関係で、よりメジャーな種に似ていたり、よりマイナーな種の場合、付帯種という形で小写真で紹介するようにしています。山野の野草観察と異なり、高山植物の場合、秋の果実の時期に散策しての観察よりもむしろ、夏の開花時期に登山がてら観察するケースが多く、開花期での識別に狙いを定めた写真構成としています。なおキク科アザミ属など多数の種類があり、お互い似ていて山域毎に分布が異なるケースではいくつかの代表種のみに絞っています。

構成

この図鑑では、掲載種を、白〜クリーム色、黄色、赤〜赤紫色、青〜青紫色、緑〜茶色の5つの花色で分け、その順番で掲載しています。同じ色のなかではキク科やツツジ科といった類縁関係が近い仲間どうしをひとまとめにしています。植物種によっては花色が白と赤の2種類あるケースなどもあります。またいくつかの種は青紫と赤紫の間で色合いが変異する花もありますので、赤紫色のページにない場合、青紫色のページにもあたってみてください。

学名について

植物の名前には、それぞれの国での呼び名のほかに、ラテン語を使った「学名」という世界共通の名前があります。本書では原則として米倉浩司・梶田忠 (2003-)「BG Plants 和名−学名インデックス」(YList)、http://bean.bio.chiba-u.jp/bgplants/ylist_main.html (2010年5月11日)に準拠しました。

小写真
メイン写真ではわからない花や葉、その他の特徴的な部分のクローズアップや、近似種などを紹介します。

メイン写真
その植物の全体像がわかりやすく、主にその植物が目立つ花や果実の時期のもの、また生育している環境がわかるものを選んでいます。キャプションの撮影地と撮影時期のデータも参考にしてください。

学名
その植物の世界共通名です。ラテン語で属名と種形容語を組み合わせて表記されます。後に続く subsp. は亜種、var. は変種、f. は品種を示します。

小葉3～4対で薄く楕円形
オオタカネバラの花 尾瀬
オオタカネバラの葉は厚め
花は疎らに開き、一斉に咲いてくれない 7/31 白馬岳

Rosa nipponensis
バラ科 バラ属

インデックス
花の色で5つに分かれています。

タカネバラ

和名
国内で標準的に使われている名称です。よく知られた別名や地方名は本文などで紹介しています。

分類
その植物が分類される科名と属名です。

漢字名	高嶺薔薇
花期	6～8月
環境	岩礫地、草地、ハイマツ林縁
分布	本州（中部地方以北）四国
大きさ	50～80 cm

亜高山帯～高山帯の岩礫地や低木林縁に生える落葉低木。小葉は3～4対で薄い。花は直径4～5 cm。よく似たオオタカネバラは北海道と本州の中部地方以北の日本海側に分布し、葉は2～3対花の直径5～6 cmと若干大きめ。

データ
その植物の漢字名、花期（平均的な盛りの時期）、生育環境、分布山域、大きさ（基本的に草丈）、RDB（レッドデータブック記載のカテゴリー、p.308参照）を表示しています。

解説文
その植物の基本的な特徴や見分けのポイントのほか、名前の由来や別名、その他雑学的な情報を紹介しています。写真やキャプションも合わせて、植物ウォッチングの参考にしてください。

参考文献
「レッドデータブック 2014 8 植物Ⅰ（維管束植物）」環境省　ぎょうせい　2015年
「ヤマケイハンディ図鑑・高山に咲く花」編・解説／清水建美　写真／木原浩　山と渓谷社　2002年
「ヤマケイハンディ図鑑・山に咲く花」編・解説／畔上能力　写真／永田芳男　山と渓谷社　1996年
「日本の野生植物・草本Ⅰ～Ⅲ」　編者／佐竹義輔ほか　平凡社 1982年
「長野県植物誌」監修／清水建美　信濃毎日新聞社　1997年
「図説　植物用語辞典」清水建美　八坂書房　2001年

咲き始めは純白で美しい 7/10 早池峰山

中心から咲き始める

オオヒラウスユキソウ

オオヒラウスユキソウの花

ハヤチネウスユキソウ

● *Leontopodium hayachinense*
● キク科　ウスユキソウ属

早池峰山に特産し、蛇紋岩が露出した風衝地に生える。頭花が大きく、日本のウスユキソウ属で、ヨーロッパのエーデルワイスに最も近いとされる。北海道には、よく似て茎葉が多い**オオヒラウスユキソウ**が分布する。

漢字名	早池峰薄雪草
花　期	7〜8月
環　境	岩礫地、風衝草地
分　布	早池峰山
大きさ	8〜20cm
RDB	EN

白〜クリーム色

ホソバヒナウスユキソウ

ホソバヒナウスユキソウの葉 　霧雨の中清楚に咲いていた　7/3 月山

- *Leontpodium fauriei*
- キク科　ウスユキソウ属

漢字名	深山薄雪草
花　期	7～8月
環　境	岩礫地、風衝草地
分　布	秋田駒ケ岳、鳥海山、月山、朝日山地、飯豊山、焼石岳
大きさ	4～15cm

ミヤマウスユキソウ

白～クリーム色

早池峰山を除く東北の高山に分布する。別名ヒナウスユキソウ。ハヤチネウスユキソウよりも花の直径も含め、全体的に小さい。至仏山と谷川岳の蛇紋岩には変種で葉が細い**ホソバヒナウスユキソウ**が分布する。

13

花崗岩の礫地に小さく咲く 7/29 木曽駒ヶ岳

頭花の数は1～3個と少ない

葉

白～クリーム色

ヒメウスユキソウ

● *Leontpodium shinanense*
● キク科　ウスユキソウ属

中央アルプスに特産し、花崗岩が露出した風衝草地に生え、しばしば群生する。別名コマウスユキソウで名前の由来は木曽駒ヶ岳から。「姫」と名がつく通り、大きさはウスユキソウの仲間で最も小さく、花の直径2cm程度。

漢字名	姫薄雪草
花　期	7～8月
環　境	岩礫地、風衝草地
分　布	中央アルプス
大きさ	4～8cm
ＲＤＢ	NT

ハッポウウスユキソウ

レブンウスユキソウ　　綿毛が少なく地味な印象　8/18 白馬岳

- *Leontopodium japonicium var. shiroumense*
- キク科　ウスユキソウ属

ミネウスユキソウ

白～クリーム色

漢字名	峰薄雪草
花期	7～8月
環境	岩礫地、風衝草地
分布	本州(上越地方、北・中央・南アルプス、八ヶ岳)
大きさ	8～20 cm

本州中部の高山帯では広く見られる。山野に生えるウスユキソウの変種で、背が低い。総苞片の白い毛は少なめ。同属で八方尾根には**ハッポウウスユキソウ**が、礼文島では別種の毛が多めの**レブンウスユキソウ**が分布する。

15

ドライフラワーのような印象　7/29　針ノ木岳

つぼみは赤みを帯びる

花は咲くと白色となる

アポイ岳のアポイハハコ

白～クリーム色

タカネヤハズハハコ

● Anaphalis lactea
● キク科　ヤマハハコ属

雪田周辺の礫地や、稜線の東側斜面など雪がやや遅くまで残る環境に生える。名の由来は葉の形を矢筈に見立てたことから。全体に白い綿毛におおわれる。アポイ岳では丈が30cmと高くなり、葉が丸みを帯びる**アポイハハコ**が分布する。

漢字名	高嶺矢筈母子
花期	7～8月
環境	雪田草原
分布	北海道、早池峰山、北・南アルプス
大きさ	10～20cm

紫色を帯びる個体もある

無花茎の葉

夕張岳のユウバリアズマギク　舌状花の色は白が多い　5/24 アポイ岳

● *Erigeron thunbergii* subsp. *glabratus* var. *angustifolius*
● キク科　ムカシヨモギ属

アポイアズマギク

漢字名	アポイ東菊
花　期	5月中旬～6月中旬
環　境	岩礫地、風衝草地
分　布	アポイ岳
大きさ	8～15 cm
RDB	EN

アポイ岳のかんらん岩地に特産する。ミヤマアズマギクの変種となり、葉は光沢を帯び、花色はミヤマアズマギクの赤に対し白色が多い。品種の**ユウバリアズマギク**は葉が細めで夕張岳に生え花色は紫色が多い。

白～クリーム色

帰化植物のようだが在来種 9/11 白馬岳

頭花はヒメムカシヨモギに似る

総苞や茎はかたい毛が多い

葉は茎の上部で無柄

白～クリーム色

エゾムカシヨモギ

● *Erigeron acer* var. *acer*
● キク科　ムカシヨモギ属

亜高山帯～高山帯下部で、礫が混じる開けた草地などに生える。頭花は1.5cmほど。茎や総苞にかたい毛が多い。平地に生える帰化植物の雑草、ヒメムカシヨモギと同じムカシヨモギ属だが本種は日本に元々ある在来種。

漢字名	蝦夷昔蓬
花　期	8月
環　境	礫が混じる広葉草原など
分　布	本州中部以北の高山
大きさ	10～50cm

頭花は筒状花のみ、5〜7mm

総苞や茎は白い毛で覆われる

葉は細かく切れ込み毛が多い　北岳の山頂付近には割合多い　8/13 北岳

- *Artemisia glomerata*
- キク科　ヨモギ属

ハハコヨモギ

白〜クリーム色

漢字名	母子蓬
花　期	7月中旬〜8月
環　境	岩礫地、風衝草地
分　布	中央アルプス、南アルプス北岳、仙丈ヶ岳
大きさ	5〜15cm
RDB	VU

高山帯で稜線付近の岩礫地に生える。分布が限られた絶滅危惧種だが、北岳の山頂付近には比較的多く見られ、しばしば群生する。全体に白色の絹毛におおわれ、葉は扇形で細かく切れ込む。花はクリーム色でまとまって上向きにつく。

大雪山の礫地に一面群生する 7/29 大雪山 　　頭花は暗紫色 　　葉は掌状に切れ込み毛が密生

エゾハハコヨモギ

白～クリーム色

● *Artemisia furcata*
● キク科　ヨモギ属

大雪山に特産し、高山帯で稜線付近の岩礫地に生える。全体的に白い毛に覆われる。分布域は狭いが個体数は割合多い。花を多く咲かせる当たり年があることで知られ、地味ながら当たり年は一面群生して咲きほこり見事。

漢字名	蝦夷母子蓬
花　期	7月中旬〜8月
環　境	岩礫地、風衝草地
分　布	北海道(大雪山)
大きさ	10〜20 cm

頭花は黄色で横〜下向きに咲く

葉は細かく切れ込む 　　絹毛に覆われ銀白色に見える　8/23 北岳

● *Artemisia kitadakensis*
● キク科　ヨモギ属

キタダケヨモギ

漢字名	北岳蓬
花　期	7月下旬〜8月
環　境	岩礫地
分　布	南アルプス
大きさ	10〜30cm
RDB	EN

南アルプスの高山帯に特産し、稜線付近の岩礫地に生える。頭花は直径5〜8mmで淡黄色。葉は細かく切れ込む。分布や個体数が限られた絶滅危惧種で、北岳では八本歯のコル〜北岳山荘間のトラバース道沿いで見られる。

白〜クリーム色

頭花は大きく横〜下向きに咲く

葉は細かく切れ込む

サマニヨモギの葉は太め

スラッとしたイメージ　7/27 槍沢

白〜クリーム色

タカネヨモギ

● *Artemisia sinanensis*
● キク科　ヨモギ属

亜高山〜高山帯でお花畑となる広葉草原や礫混じりの草地に生える。頭花は1cm前後と大きめ。本州の早池峰山以北から北海道の高山帯には、同属でよく似て高さは同じで、葉がより太めに切れ込む**サマニヨモギ**が分布する。

漢字名	高嶺蓬
花期	7月下旬〜8月
環境	広葉草原、礫地
分布	月山、朝日山地、飯豊山、北・中央・南アルプス、八ヶ岳、御嶽山、白山など
大きさ	20〜50cm

頭花は横〜下向きに咲く

葉は粗く切れ込み太い

荒々しく男性的な印象　8/19 白馬岳

- Artemisia pedunculosa
- キク科 ヨモギ属

ミヤマオトコヨモギ

白〜クリーム色

漢字名	深山男蓬
花　期	7月下旬〜8月
環　境	岩礫地
分　布	本州中部の高山
大きさ	10〜30cm

高山帯の砂礫地や岩礫地に生える。ヨモギ属の高山植物でも特に、荒々しい環境に多い。頭花は5〜10mmで下向きに咲く。葉は細かく切れ込むことが多いヨモギの仲間では異色のヘラ型。富士山では多く見られる。

葉の形はカニの甲羅に似る　9/4 白馬岳

筒状花は白く長さ8〜9mm

ミミコウモリは葉柄が茎を抱く

コモチミミコウモリの葉

白〜クリーム色

カニコウモリ

● *Parasenecio adenostyloides*
● キク科　コウモリソウ属

主に亜高山帯の針葉樹林内に生える。名の由来は葉をカニの甲羅に見立て、同属で葉が三角形のコウモリソウから。同属の**ミミコウモリ**は葉柄が耳状になり茎を抱く。**コモチミミコウモリ**は葉の付け根にむかごができる。

漢字名	蟹蝙蝠
花　期	7〜8月
環　境	針葉樹林
分　布	本州、四国
大きさ	30〜90cm

花は純白で妖精が2人舞うよう

果実はひょうたんの形

谷筋やカール地形底に多い　7/29 木曽駒ヶ岳

オオヒョウタンボク

- *Lonicera tschonoskii*
- スイカズラ科　スイカズラ属

漢字名	大瓢箪木
花　期	7～8月
環　境	低木林
分　布	本州(中部～関東)
大きさ	1～2m

亜高山帯～高山帯の低木林内や林縁に生える落葉低木。多雪の環境となるカール地形や沢筋に多い。花は2つだが果実になると2つが合着する。名の由来は果実の形をひょうたんに見立てた。美味しそうに見えるが種子は有毒なので注意。

白～クリーム色

25

白～クリーム色

夕張岳を代表する固有種　6/20 夕張岳

花は下から上に咲いていく

花のアップ、青い部分は雄しべ

ユウバリソウ

● *Lagotis takedana*
● ウルップソウ科　ウルップソウ属

夕張岳に特産し、山頂付近の蛇紋岩が露出した砂礫地にのみ生える。ウルップソウの白花品種のようだが、若干小さめで、他の細かな違いから独立種とされる。花期が早く咲き始めの新鮮な花は夕張岳の山開き前後の6月中旬が見頃。

漢字名	夕張草
花　期	6月中旬～下旬
環　境	岩礫地
分　布	夕張岳
大きさ	10～15cm
R D B	EN

萼や苞葉の先端がとがる

コバノコゴメグサ、葉先が円い

コケコゴメグサは全体に極小　半寄生という生態をもつ　8/17 白馬岳

● *Euphrasia insignis* subsp. *insignis* var. *insignis*
● ゴマノハグサ科　コゴメグサ属

ミヤマコゴメグサ

白〜クリーム色

漢字名	深山小米草
花　期	7〜8月
環　境	岩礫地、風衝草地
分　布	本州（東北〜中部の日本海側）
大きさ	5〜15cm

亜高山〜高山帯の礫地や草地に生える。この仲間はお互い似るが、山域ごとに棲み分けていることが多い。南アルプス、八ヶ岳では**コバノコゴメグサ**（葉が丸い）、中央アルプスではさらに小さい**コケコゴメグサ**となる。

雪崩斜面となる広葉草原に群生する　8/13 白馬岳　　花は螺旋状にねじ曲がってつく

葉は互生し羽状に浅く裂ける

白～クリーム色

エゾシオガマ

● *Pedicularis yezoensis*
● ゴマノハグサ科　シオガマギク属

亜高山帯～高山帯の開けた草地や谷筋の草地に生える。花はクリーム色で上から見ると茎を軸に回転するようにねじれている。花を間近で観察するとお椀の上にくちばしが乗っているような不思議な形をしている。

漢字名	蝦夷塩竃
花期	7～8月
環境	広葉草原
分布	北海道、本州（中部以北）
大きさ	15～80cm

花は白色でまばらにつく

ネムロシオガマ

薄暗い針葉樹林の林床でよく見かける　9/19 光岳

● *Pedicularis keiskei*
● ゴマノハグサ科　シオガマギク属

セリバシオガマ

白〜クリーム色

漢字名	芹葉塩竈
花　期	8〜9月
環　境	針葉樹林内
分　布	金峰山、北アルプス南部、中央・南アルプス、八ヶ岳
大きさ	25〜35cm

亜高山帯の針葉樹林の林床に生える。名の由来となるセリ状の葉は羽状複葉で薄い。花付きもまばらで弱々しく地味な印象。同属の**ネムロシオガマ**は北海道の礼文島や道東の草地に生え高さ15〜50cm、花期は6〜7月。

29

湿った雪田草原の底などに生える 7/30 白馬大池 　　花は白色で直径1〜2cm　　ミツガシワは池沼に生える

白〜クリーム色

イワイチョウ

● *Nephrophyllidium crista-galli* subsp. *japonicum*
● ミツガシワ科　ミツガシワ属

イワと名がつくが、岩礫地には生えず、湿地や雪田草原、特に融雪後も湿った環境に多い。葉は腎形で秋にはイチョウのように鮮やかな黄色になる。同属の**ミツガシワ**は池沼に生え、花冠に白い毛があり葉は3枚。

漢字名	岩銀杏
花　期	7〜8月
環　境	雪田草原、湿地
分　布	本州中部以北の日本海側、北海道
大きさ	15〜40cm

花冠の裂片の基部は青みを帯びる

ヒナリンドウはとても小さい

ヒナリンドウの花冠のアップ 　白馬山系の貴重な固有種　8/25 白馬岳

- *Gentianopsis yabei*
- リンドウ科　タカネリンドウ属

漢字名	高嶺竜胆
花　期	8月
環　境	草地
分　布	白馬山系
大きさ	5〜20cm
RDB	NT

タカネリンドウ

白〜クリーム色

白馬岳に特産し、別名シロウマリンドウ。明るい草地に生えるが、分布は局所的で個体数も多くはない。紫色の個体もありムラサキタカネリンドウという。八ヶ岳には高さ2〜5cmとさらに小さい**ヒナリンドウ**がまれに生える。

稜線を彩る高山植物のラストバッター　9/4 白馬岳　曇ると花を閉じてしまう

花は晴れているとよく開く

白〜クリーム色

トウヤクリンドウ

● *Gentiana algida*
● リンドウ科　リンドウ属

高山帯で稜線付近の岩礫地や、風衝草原などに生える。本種は秋の訪れが早い高山の稜線で、最も遅く咲く種類の1つ。咲き終わる頃には朝晩の冷え込みも増し、急速に草紅葉の季節へ変わりゆく。花弁の模様には濃淡がある。

漢字名	当薬竜胆
花期	8〜9月上旬
環境	岩礫地、草地
分布	北海道(羊蹄山、大雪山系)、本州(月山、尾瀬、関東北部、中部地方)
大きさ	10〜20cm

葉の縁は内側に巻く

ヒメコザクラは早池峰山の固有種

ヒメコザクラの葉は外側に巻く 　東北の高山の雪田に咲く　6/20 秋田駒ヶ岳

● *Primula nipponica*
● サクラソウ科　サクラソウ属

ヒナザクラ

漢字名	雛桜
花　期	6〜8月
環　境	雪田草原
分　布	本州(東北。早池峰山、岩木山、飯豊山を除く)
大きさ	10〜15 cm

白〜クリーム色

東北地方の高山の雪田草原に生え、時に群生する。花の直径は約1 cmと小さい。早池峰山の山頂付近の礫地や草地には高さ3〜10 cm、花の直径8〜9 mmとさらに小さい**ヒメコザクラ**が生える。花期は6月中旬で個体数は少ない。

山の鼻登山口近くで群生していた 7/1 至仏山

花冠の先端はとがる個体が多い

名の由来となる赤く縁取られた花

トチナイソウ

白～クリーム色

ツマトリソウ

- *Trientalis europaea*
- サクラソウ科　ツマトリソウ属

亜高山～高山帯の林内や林縁に生える。和名は「妻」ではなく「端」で、まれに花弁が赤く縁取られることから。湿地に生え、葉の先端が丸いタイプは変種のコツマトリソウ。同科の**トチナイソウ**は高山帯の岩礫地に生え、分布は局所的。

漢字名	端取草
花　期	6～7月
環　境	林内、林縁、湿地
分　布	北海道、本州中部以北ほか
大きさ	7～20㎝

花は直径約1cm

葉は長さ1.5〜5cm

ヒメイソツツジの葉

川湯温泉の群生地は圧巻　7/1 川湯温泉

- *Ledum palustre* subsp. *diversipilosum* var. *nipponicum*
- ツツジ科　イソツツジ属

イソツツジ

白〜クリーム色

漢字名	磯躑躅
花 期	6〜7月
環 境	低木林内、湿地
分 布	北海道、本州(東北地方)
大きさ	30〜50cm

亜高山〜高山帯の低木林の縁や湿地に生える。火山地帯にも多く、川湯温泉では100haにも及ぶ広大な純群落が見事で有名。大雪山の高所には葉の幅が2mm程度と細く、縁が強く巻いて線形になる亜種の**ヒメイソツツジ**が分布する。

35

岩角地に生えることが多い 8/12 三峰岳

雌しべの先はカギ状に曲がる

葉の先端はとがらない

ホツツジの雌しべの先端

白〜クリーム色

ミヤマホツツジ

● *Caladothamnus bracteatus*
● ツツジ科　ミヤマホツツジ属

亜高山〜高山帯の岩角地やハイマツの林縁、湿地の周辺などに生える落葉低木。雌しべの先がカギ状にクルリと曲がるのが特徴。山地〜亜高山帯の林縁には雌しべの先が曲がらず、葉の先がとがる同科の**ホツツジ**が分布し高さ1〜2m。

漢字名	深山穂躑躅
花　期	7〜8月
環　境	低木林、岩礫地
分　布	北海道、本州(中部以北ほか)
大きさ	20〜100cm

星形の花が清楚な印象

葉は十字対生する

北海道のベニバナミネズオウ 　咲き始めは雄しべが赤く美しい　7/12 北岳

● *Loiseleuria procumbens*
● ツツジ科　ミネズオウ属

ミネズオウ

白〜クリーム色

漢字名	峰蘇芳
花　期	6月下旬〜7月
環　境	岩礫地
分　布	北海道,本州(中部以北)
大きさ	3〜6cm

高山帯で稜線付近の風衝地や岩礫地に生え、北海道では時に雪田周辺の礫地でも見られる。北極圏を故郷にもつ周北極要素の植物で、北極圏では花色は赤だが、北海道のものも同じく赤い。本州ではほとんど白っぽい。

葉が開くよりも先に花が咲き始める　6/27 八ヶ岳

花はつぼ型。花期は早い

いち早く真っ赤に紅葉する

白〜クリーム色

ウラシマツツジ

● *Arctous alpina* var. *japonica*
● ツツジ科　ウラシマツツジ属

高山帯で稜線付近の岩礫地や風衝草地に生える落葉矮性低木。花期が早く梅雨時に葉が開く前に花が咲き始める。つぼ型の花は約6mmと小さい。盛夏過ぎには早々と紅葉し始め、草紅葉の時期は一面赤く染まり見事。

漢字名	裏縞躑躅
花　期	6月中旬〜7月上旬
環　境	岩礫地、風衝草地
分　布	北海道、本州(中部以北)
大きさ	2〜5cm

花の直径は5〜6mmつぼみは赤い

葉は長さ3〜4mmで密につく 　またたく星のような印象の花　7/29 大雪山

チシマツガザクラ

● *Bryanthus gmelinii*
● ツツジ科 チシマツガザクラ属

漢字名	千島栂桜
花　期	7〜8月
環　境	岩礫地
分　布	北海道、本州(早池峰山)、八甲田山
大きさ	2〜7cm
RDB	VU

高山帯の雪田周辺の礫地などに生える。ツツジ科の仲間には矮性常緑低木の高山植物が多いが、本種もその1つ。岩陰に枝をはわせて広がり線香花火のような花を咲かせる。分布は北海道と東北の一部に局在する絶滅危惧種。

白〜クリーム色

岩影で小さくひっそりと彩りを添える　7/14 北岳

花冠は釣り鐘型で、先は広がる

葉は常緑で長さ5～8mm

オオツガザクラ（次頁参照）

ツガザクラ

● *Phyllodoce nipponica*
● ツツジ科　ツガザクラ属

白～クリーム色

高山帯で稜線付近の岩場の岩陰に生えるが、時に雪田周辺の岩場にも見られる。雪田草原に大群生するアオノツガザクラに似るが、全体やや小ぶりで、花冠の萼片が赤いのが特徴。東北北部～北海道では亜種で葉が長いナガバツガザクラとなる。

漢字名	栂桜
花　期	7～8月
環　境	岩礫地、雪田
分　布	本州（東北南部～中部）
大きさ	3～15cm

花冠はつぼ型で先はすぼまる

葉は常緑で長さ5〜15mm

果実は上を向く

チングルマとともに雪田草原の指標種　7/30 白馬岳

- *Phyllodoce aleutica*
- ツツジ科　ツガザクラ属

アオノツガザクラ

白〜クリーム色

漢字名	青の栂桜
花　期	7〜8月
環　境	雪田草原
分　布	北海道、本州（中部以北）
大きさ	5〜15cm

高山帯の雪田周辺に生え、雪田草原の環境を示す代表的な種。特に融雪後は乾燥する環境で見られ、しばしば一面見事な大群生を形成する。ツガザクラも生える環境では交雑種である**オオツガザクラ**がしばしば見られる。

41

茶色の葉はチョウノスケソウ 6/8 八ヶ岳

花も5mm前後と米粒のよう

葉は3輪生するのが特徴

白～クリーム色

コメバツガザクラ

● *Arcterica nana*
● ツツジ科　コメバツガザクラ属

高山帯で稜線付近の岩礫地や風衝地に生える常緑矮性低木、岩の割れ目など、礫の移動が少ない安定した環境に多い。花期は早めで梅雨時が見頃。葉はコケモモに似るが0.5～1cmと小さめで3輪生するのが特徴。

漢字名	米葉栂桜
花　期	6～7月
環　境	岩礫地
分　布	北海道、本州（中部以北ほか）
大きさ	3～5cm

花は長さ7mmほどで下向きに咲く

葉は枝に密について針金状　　星座を思わせるロマンチックな学名　6/27 八ヶ岳

● *Cassiope lycopodioides*
● ツツジ科　イワヒゲ属

イワヒゲ

白〜クリーム色

漢字名	岩髭
花　期	7〜8月
環　境	岩礫地
分　布	北海道,本州(中部以北)
大きさ	2〜5cm

高山帯で稜線付近の岩礫地に生える常緑矮性低木。安定した岩場の岩陰に多い。細い枝には鱗片状の小さい葉がびっしりと隙間なく密について十字対生している。和名の由来は独特の枝ぶりを岩場に生えるヒゲに見立てた。

雪田底の岩場に生える 7/29 大雪山

花は鐘型で白色、大きさ7mm前後

短い葉を密につける

白〜クリーム色

ジムカデ

● *Harrimanella stelleriana*
● ツツジ科　ジムカデ属

高山帯で雪田底の岩場など雪が遅くまで残る環境に生える常緑矮性低木。名の由来は岩場にはって枝を伸ばし、細い葉を密につける様子をムカデに見立てた。萼片は赤く、近寄って観察すると和名の印象とは対照的に気品があふれる。

漢字名	地百足
花　期	7〜8月
環　境	雪田、岩礫地
分　布	北海道、本州(月山、吾妻山、北・中央アルプス)
大きさ	3〜8cm

花色は黄色というよりクリーム色

葉はハクサンシャクナゲより短い　最も高標高に生えるシャクナゲ　6/27 八ヶ岳

- *Rhododendron aureum*
- ツツジ科　ツツジ属

キバナシャクナゲ

白〜クリーム色

漢字名	黄花石楠花
花　期	6〜7月
環　境	岩礫地、雪田草原、ハイマツ林
分　布	北海道、本州（新潟・栃木県、北・中央・南アルプス、八ヶ岳）
大きさ	10〜30cm

高山帯でハイマツの林縁や岩角地に生える常緑低木。北海道では雪田の周辺にも大群生を形成する。花期は早めで梅雨時〜梅雨明け前後が見頃。ハクサンシャクナゲも生える環境では2週間ほど本種が早めに咲く。

花色は淡くクリームがかる白色　7/6 至仏山

花色が赤みの強い個体

葉は細長く基部は切形となる

八重咲きの**ネモトシャクナゲ**

白～クリーム色

ハクサンシャクナゲ

● *Rhododendron brachycarpum*
● ツツジ科　ツツジ属

亜高山帯の針葉樹林内や林縁を中心に、高山帯のハイマツ林縁まで生える。キバナシャクナゲより葉が細長く花色は白い。山地～亜高山帯に分布するアズマシャクナゲは葉の基部がくさび形になり、花色が赤い点で見分ける。

漢字名	白山石楠花
花期	7月
環境	林内、林縁
分布	北海道、本州（中部以北ほか）
大きさ	0.3～3m

葉は3脈が目立つ

チョウジコメツツジの花は長い　多雪環境となる山に多い　7/31 雪倉岳

- *Rhododendron tschonoskii* subsp. *trinerve*
- ツツジ科　ツツジ属

オオコメツツジ

白～クリーム色

漢字名	大米躑躅
花　期	7～8月
環　境	低木林内、林縁
分　布	本州(山形～滋賀県、主に日本海側)
大きさ	0.3～2m

主に多雪環境となる日本海側の山地～亜高山帯に分布し、尾根や湿原の周辺などに生える。太平洋側に分布するコメツツジとは葉の3脈が目立つ点で見分ける。本州中部の高山の岩場には花が長い**チョウジコメツツジ**が分布する。

47

通常赤い萼片が緑色を帯びた個体

登山道脇で見ることが多い　7/31 白馬岳

果実は赤く熟す

白～クリーム色

アカモノ

● *Gaultheria adenothrix*
● ツツジ科　シラタマノキ属

山地～高山帯下部の林縁などに生える常緑矮性低木。花冠は白色で8mm程度。時にうっすらと赤みを帯びた筋が入る。萼は赤で毛が密生する。真っ赤な果実は萼が肥大したもので直径約6mm。若い枝や萼には毛が密生する。

漢字名	赤物
花　期	6～7月
環　境	林内、林縁
分　布	北海道、本州(近畿以北)ほか
大きさ	10～20cm

葉には光沢がある

果実は白く熟す

アカモノに比べて花は地味な印象　7/30 白馬岳

● *Gaultheria miqueliana*
● ツツジ科　シラタマノキ属

シラタマノキ

白～クリーム色

漢字名	白玉の木
花　期	6～7月
環　境	林縁、草地
分　布	北海道、本州（中部以北）ほか
大きさ	5～20cm

亜高山～高山帯にかけての針葉樹やハイマツの林縁などに生える。花はつぼ型で大きさ5mm程度。独特の白い果実はよく目立ち、大きさ8mm程度。最初は緑色だが、熟すにつれて光沢がなくなり白くなる。別名シロモノ。

薄暗い針葉樹林の林床に生える　7/28 雌阿寒岳

花は下向きで直径1cm

葉は楕円形で縦方向が長め

ジンヨウイチヤクソウは横に長い

白〜クリーム色

コバノイチヤクソウ

● Pyrola alpina
● イチヤクソウ科　イチヤクソウ属

亜高山帯の針葉樹林を中心に、山地〜高山帯下部の林内、林縁に生える。コケむした薄暗い環境に多い。山地〜亜高山帯には同属で葉の横幅が広く腎形になる**ジンヨウイチヤクソウ**があり、高さ5〜15cmで花は黄緑色を帯びる。

漢字名	小葉の一薬草
花　期	7〜8月
環　境	林内
分　布	北海道、本州中部以北
大きさ	10〜15cm

バラ科ではなくイワカガミの仲間

葉は長さ6～15mm　　マット状に広がる高山植物らしい生態　6/27 八ヶ岳

● *Diapensia lapponica* subsp. *obovata*
● イワウメ科　イワウメ属

イワウメ

白～クリーム色

漢字名	岩梅
花　期	6～7月
環　境	岩礫地
分　布	北海道，本州中部以北
大きさ	2～5cm

高山帯で稜線付近の岩角地に生え、岩陰にマット状に葉をびっしりと隙間なく広げる。花期は早めで梅雨時が見頃。常緑性だが、秋から冬にかけては紅葉していることが多い。北極圏を故郷にもつ周北極要素の植物。

落葉高木のミズキの仲間　6/29 利尻山

花は同科のハナミズキに似た印象

果実は赤く熟す

エゾゴゼンタチバナの葉は対生

白～クリーム色

ゴゼンタチバナ

● Cornus canadensis
● ミズキ科　ゴゼンタチバナ属

亜高山帯～高山帯の林内や林縁に生える常緑多年生の草本。葉が4枚では花はつけず、6枚になってから咲く。名の由来は白山の御前峰で発見され、実がカラタチバナに似ることから。同属の**エゾゴゼンタチバナ**は北海道に分布する。

漢字名	御前橘
花　期	6～7月
環　境	林内、林縁
分　布	北海道、本州中部以北ほか
大きさ	5～10cm

小花序は丸く球形になる

葉は細かい鋸歯がある 　　茎は赤みを帯び毛がない　8/19 白馬岳

ミヤマシシウド

- Angelica pubescens var. matsumurae
- セリ科　シシウド属

漢字名	深山猪独活
花　期	7～8月
環　境	広葉草原
分　布	本州（東北南部～中部地方）
大きさ	0.5～2m

亜高山帯～高山帯下部の開けた草地に生える。高山で高さ1mを超え大型になる主なセリ科は本種とオオハナウド、オオカサモチ。本種の特徴は茎が赤みを帯びることが多く、毛がない。よく似て山地帯に生えるシシウドは毛がある。

白～クリーム色

この個体は背が低い方　7/30 夕張岳

小花序の外側の花弁は長い

ミヤマシシウドより荒く切れ込む

白〜クリーム色

オオハナウド

● *Heracleum lanatum* var. *lanatum*
● セリ科　ハナウド属

山地〜亜高山帯の開けた草地に生える。同様に背が高くなるミヤマシシウドとの違いは葉の形のほか、集合花は球状からより平板状に近く、縁の花の花弁は外側が長くのびること。南アルプスには葉が細くなるホソバハナウドが分布。

漢字名	大花独活
花　期	7〜8月
環　境	広葉草原
分　布	北海道、本州（近畿地方以北）
大きさ	1〜2m

葉は2回3出複葉で光沢がある

アポイ岳のホソバトウキ

ホソバトウキの葉

強い薬草香がある　8/9鳥海山

● *Angelica acutiloba* subsp. *iwatensis*
● セリ科　シシウド属

ミヤマトウキ

白〜クリーム色

漢字名	深山当帰
花　期	7〜8月
環　境	岩礫地
分　布	北海道，本州（滋賀県以北）
大きさ	20〜50cm

山地〜亜高山帯の岩礫地に生える。別名はイワテトウキで岩手山にちなむ。全体に強い薬香臭がある。葉には鋭い鋸歯がある。北海道の夕張岳、アポイ岳、日高山地にはよく似ているが葉の細い**ホソバトウキ**が分布し、高さ10〜15cm。

小型のセリ科ではメジャーな存在　8/24 白馬岳

小総苞片は目立たない

葉の切れ込みは変異が大きい

キレハノハクサンボウフウ

白〜クリーム色

ハクサンボウフウ

● *Peucedanum multivittatum*
● セリ科　カワラボウフウ属

亜高山〜高山帯に生え、主に雪田草原周辺や、丈の短い草地などの環境に多い。同じく小型のシラネニンジンとの違いは総苞片、小総苞片がなく、1個あっても短い。葉の切れ込みが深いタイプは**キレハノハクサンボウフウ**という。

漢字名	白山防風
花　期	7〜8月
環　境	草地、雪田草原
分　布	北海道、本州中部以北
大きさ	10〜50cm

花の下の小総苞片が目立つ

葉は細裂する

茎葉は少なく0〜3個、小さい 　根生葉が大きめなのが特徴　7/30 夕張岳

- *Tilingia ajanensis*
- セリ科　シラネニンジン属

シラネニンジン

白〜クリーム色

漢字名	白根人参
花　期	7〜8月
環　境	草地、雪田草原、湿原
分　布	北海道、本州中部以北
大きさ	10〜50 cm

亜高山〜高山帯の雪田草原や湿原に生える。ハクサンボウフウよりさらに湿った環境に多い。葉は根生葉が大きく目立ち、細かく裂ける。茎葉はあっても小さい。小総苞片が目立つのもハクサンボウフウとの識別ポイント。

シダのような葉の切れ込みが特徴　8/24 白馬岳 　　花の下の小総苞片が目立つ 　　葉は薄く三角形で先はのびる

白〜クリーム色

ミヤマセンキュウ

● *Conioselinum filicinum*
● セリ科　ミヤマセンキュウ属

亜高山帯の湿った林縁や草地を中心に、高山帯下部まで生える中型のセリ。小花序の柄の付け根の部分から出て、葉が変形した小総苞片は糸状で長い。葉は14〜25cm、薄く三角形で細かく切れ込み、シダ植物のよう。

漢字名	深山川芎芎
花　期	8〜9月
環　境	林縁、草地
分　布	本州中部以北
大きさ	40〜80cm

小総苞片が目立つ

葉の小葉は卵形で長さ1〜3cm　稜線に近い礫地で見かけることが多い　8/13 北岳

● *Coelopleurum multisectum*
● セリ科　エゾノシシウド属

ミヤマゼンコ

白〜クリーム色

漢字名	深山前胡
花　期	7〜8月
環　境	岩礫地、草地
分　布	本州(中部地方)
大きさ	15〜60cm

高山帯の砂礫地や草地に生える1稔性の多年草。稜線の東側斜面上部など礫混じりの草地の環境に多い。葉は規則正しく2〜4回全裂し、分裂後の細かい小葉は1〜3cmで無毛、光沢がある。茎は赤みを帯びることが多い。

名前の通り大きな傘状　8/7 白馬岳

総苞片は羽状に切れ込む

葉は1～2回3出羽状複葉

白～クリーム色

オオカサモチ

● *Pleurospermum austriacum* subsp. *uralense*
● セリ科　オオカサモチ属

山地～高山帯下部にかけて生え、開けた背の高い草地に多い。傘のように多数の柄が伸びて上部にまとまって大きな花序を形成する。オオハナウド、ミヤマシシウドとの違いは茎が緑色で、葉は細かく分裂すること。

漢字名	大傘持
花　期	7～8月
環　境	広葉草原
分　布	北海道、本州中部以北
大きさ	50～150 cm

小総苞片は太く目立つ

葉は細かく切れ込む　　つぼみは赤みを帯びることが多い　8/27 八ヶ岳

● *Libanotis coreana* var. *alpicola*
● セリ科　イブキボウフウ属

タカネイブキボウフウ

漢字名	高嶺伊吹防風
花　期	7～8月
環　境	岩礫地
分　布	本州中部
大きさ	30～60 cm

白～クリーム色

高山帯の砂礫地や乾いた草地に生える。稜線東側斜面上部の草地など礫が混じる環境に多い。細かく切れ込んだ葉が特徴。低山～亜高山帯の草地や礫地には背丈が30～120 cmと高く花序は小さめのイブキボウフウが分布する。

岩礫地にスポンジ状の葉を広げる　8/18 白馬岳

セリ科の花は基本的に同じ構造

小総苞片が長くのびる

葉の終裂片の幅は1mm以下

白～クリーム色

ミヤマウイキョウ

● *Tilingia tachiroei*
● セリ科　シラネニンジン属

亜高山～高山帯の岩礫地や岩場に生える。細かく糸状に切れ込みスポンジ状になった葉が最大の特徴で、お互い似ていて識別が難しいセリ科にあってもすぐに分かる。初秋には黄色く黄葉した葉が岩場に映えて趣深い。

漢字名	深山茴香
花期	7～8月
環境	岩礫地
分布	北海道，本州中部以北，四国
大きさ	10～40cm

シソバキスミレは夕張岳に分布

シソバキスミレの葉はシソに似る　知床半島の高山でのみ咲く　6/23 硫黄山

- *Viola kitamiana*
- スミレ科　スミレ属

漢字名	知床菫
花　期	6月下旬〜7月
環　境	岩礫地
分　布	知床（羅臼岳、硫黄山）
大きさ	3〜7cm

シレトコスミレ

知床半島の高山帯に特産し、砂礫地に生える。花は白色で中心部分が黄色を帯びた独特の色彩。分布も限られた孤高のスミレだ。同属の**シソバキスミレ**は夕張岳の蛇紋岩が露出した礫地に分布するが、個体数が少ない絶滅危惧種（CR）。

白〜クリーム色

亜高山帯の針葉樹林の林床に多い　6/24 蓼科山 　　ミヤマツボスミレのアップ

ミヤマツボスミレは日本海側に分布

白～クリーム色

ウスバスミレ

● *Viola blandaeformis*
● スミレ科　スミレ属

亜高山帯の林床に生える。葉は円心形で薄く無毛。花の直径 1 ～ 1.5 cm で小さく地味な印象。同属の**ミヤマツボスミレ**はツボスミレの高山型で、日本海側の高山の湿った草地に生える。花色は白だが薄紫を帯びる個体も多い。

漢字名	薄葉菫
花　期	6 ～ 7 月
環　境	林内、林縁
分　布	本州中部以北
大きさ	4 ～ 6 cm

花の模様が濃い個体

陽が差す前は葉や花は閉じ気味　亜高山帯の林床に多い　6/12 八ヶ岳

- Oxalis acetosella
- カタバミ科　カタバミ属

コミヤマカタバミ

漢字名	小深山酢漿草
花　期	5〜7月
環　境	林内、林縁
分　布	北海道、本州、四国、九州
大きさ	5〜15cm

亜高山帯の林床に生える。特に針葉樹林の林内、林縁に多い。平地の雑草であるカタバミの仲間で、葉の角は丸みを帯びる。花弁には模様があることが多いが、しばしばなかったり、花弁全体が赤みを帯びることもある。

白〜クリーム色

65

白〜クリーム色

シロウマと名前がつくが分布は広い　7/13 白馬岳　　果実のさやには模様がある

花は純白で萼片は黒い毛が生える

シロウマオウギ

● *Astragalus shiroumensis*
● マメ科　ゲンゲ属

亜高山〜高山帯の開けた草地や礫地に生える。似ているリシリオウギ、タイツリオウギとは、識別点をおさえると見分けは簡単。本種の特徴は花は長さ 1.2 〜 1.3 cm でより白く、萼に黒い毛が生えること。羽状複葉の小葉は 5 〜 8 対。

漢字名	白馬黄耆
花期	7 〜 8 月
環境	草地、礫地
分布	本州(中部地方)
大きさ	10 〜 40 cm

花はクリーム色で萼の毛は全面

鯛をを釣ったような形の豆果　　分布、個体数ともこの仲間で最も多い　8/7 白馬岳

- *Astragalus membranaceus*
- マメ科　ゲンゲ属

タイツリオウギ

漢字名	鯛釣黄耆
花　期	7〜8月
環　境	草地、岩礫地
分　布	北海道(大雪山)、本州(北・南アルプス、八ヶ岳、富士山)
大きさ	15〜60cm

高山帯の開けた草地や礫地に生える。シロウマオウギ、リシリオウギと似た3種のなかでも最も分布域が広く、個体数も多い。小葉は6〜11対。花は黄白色で1花序に5〜10個つく。名の由来は膨れた果実を鯛に見立てた。

白〜クリーム色

分布、個体数とも限られた絶滅危惧種　8/6 白馬岳　　羽状複葉で小葉は3〜5対

萼は無毛で縁にだけ毛がある

白〜クリーム色

リシリオウギ

● *Astragalus frigidus* subsp. *parviflorus*
● マメ科　ゲンゲ属

高山帯の開けた草地に生える。花は長さ1.5〜1.7cmで、タイツリオウギより薄いクリーム色。萼の縁のみ黒い毛が生えるのが特徴。小葉は3〜5対と少ない。分布、個体数とも多くない絶滅危惧種で、この仲間では一番マイナー。

漢字名	利尻黄耆
花期	7〜8月
環境	草地
分布	北海道(利尻山、大雪山)、本州(白馬岳、八ヶ岳)
大きさ	10〜35cm
RDB	VU

花は細長い

果実は節果で枝豆のよう 　ガレ場や崩壊地に多い　8/18 白馬岳

- *Hedysarum vicioides* subsp. *japonicum* var. *japonicum*
- マメ科　イワオウギ属

イワオウギ

白～クリーム色

漢字名	岩黄耆
花　期	7～8月
環　境	岩礫地
分　布	北海道,本州(中部以北)
大きさ	10～80cm

山地～高山帯の岩礫地や崩壊地、礫が混じる草地に生える。特に稜線の東側斜面などの礫地に多く、時に見事な大群生を形成する。花は1花序に10～30個と多くつく。小葉は5～12対と多い。果実は枝豆のような形をしている。

69

花期が早く梅雨明け前頃が見頃。　6/24 八ヶ岳

花は直径 2〜2.5cm

葉は小判のような形

果穂ははじめねじれる

白〜クリーム色

チョウノスケソウ

● *Dryas octopetala* var. *asiatica*
● バラ科　チョウノスケソウ属

高山帯で稜線付近の岩角地に生える落葉矮性低木。周北極要素の植物で北半球の高山や極地に広く分布するが、日本での分布は局所的。5枚が常識のバラ科にあって花弁は8枚、時に11枚までつく。名の由来は発見者の須川長之助から。

漢字名	長之助草
花　期	6月中旬〜7月
環　境	岩礫地
分　布	北海道、本州(北・南・中央アルプス)八ヶ岳
大きさ	2〜5cm

羽状複葉で鮮やかに紅葉する

花後の果穂も美しい

雪が遅くまで残る場所に生える　7/29 大雪山

- *Sieversia pentapetala*
- バラ科　チングルマ属

チングルマ

白～クリーム色

漢字名	稚児車
花　期	7～8月
環　境	雪草原田、湿原
分　布	北海道,本州(中部以北)
大きさ	3～10cm

亜高山～高山帯で雪田草原など雪解けが遅い地形に生える落葉矮性低木。稜線付近でもチングルマが咲いていると、そこは雪がたまる地形を示す。一面の群生も見事だが、花後の果穂や初秋の草紅葉も美しい高山の風物詩。

花弁は5枚で直径は約2cm

ノウゴウイチゴの葉

ノウゴウイチゴの果実

葉の脈は凹んで光沢がある　6/27 八ヶ岳

白～クリーム色

シロバナヘビイチゴ
● *Fragaria nipponica*
● バラ科　オランダイチゴ属

山地～高山帯の草地や林縁、ガレ地に生える。太平洋側の山域に多い。果実は市販のイチゴを小さくしたよう。北海道～中部地方の日本海側にはよく似て葉の脈の凹みが少なく光沢が弱い**ノウゴウイチゴ**が分布する。

漢字名	白花の蛇苺
花　期	5～7月
環　境	草地
分　布	本州（東北南部～中部）ほか
大きさ	7～15cm

花弁はあまり平開しない

果実は直径 1.5 cm 前後で赤く熟す

コガネイチゴの花直径約 1.5 cm 　控えめに咲く印象　6/20 夕張岳

ヒメゴヨウイチゴ

白〜クリーム色

- Rubus pseudojaponicus
- バラ科　キイチゴ属

漢字名	姫五葉苺
花　期	6〜8月
環　境	林内、林縁
分　布	北海道、本州（中部以北）
大きさ	10〜20 cm

亜高山帯の林内や林縁に生える。白い花弁があるが閉じ気味。葉は5出複葉で刺がない。同属の**コガネイチゴ**は亜高山〜高山帯の林内に生え、葉は鳥足状に3裂又は5全裂し、花弁は4〜5枚で、花弁の大きさは不ぞろい。

73

花は直径6〜8mm

頂小葉は掌状に3〜5裂する

谷沿いの草地に群生する 8/19 白馬岳

托葉は左右に張り出して茎を抱く

白〜クリーム色

オニシモツケ

● *Filipendula camtschatica*
● バラ科　シモツケソウ属

山地〜亜高山帯の湿った草地や谷筋に生え、しばしば群生する。分布は日本海側が中心。和名にオニとつく植物は大柄な種が多い。本種も花色が赤いシモツケソウの仲間で、全体がより高く、葉も太い。花序には毛が密生している。

漢字名	鬼下野
花期	7〜8月
環境	草地, 谷筋
分布	北海道, 本州中部以北ほか
大きさ	0.5〜2m

花は下から上に咲き進む

シロバナトウウチソウの花　雪解けが遅い場所に咲く　9/16 大雪山ヒサゴ沼

- *Sanguisorba canadensis* subsp. *latifolia*
- バラ科　ワレモコウ属

タカネトウウチソウ

漢字名	高嶺唐打草
花　期	8～9月
環　境	草地、雪田
分　布	北海道、本州(谷川岳、至仏山、白馬岳)
大きさ	40～80cm

白～クリーム色

亜高山～高山帯で雪田周辺の礫地や草地など雪が遅くまで残る環境に生える。花期は特に遅く、草紅葉の時期に咲いていることもある。東北には同科でよく似て花が上から下に咲き進む高さ30～40cmの**シロバナトウウチソウ**が分布する。

花は横〜下向きに咲く

紅葉

果実は大きめで垂れ下がる

高山帯に生え背が低い　7/25 八ヶ岳

白〜クリーム色

タカネナナカマド

● *Sorbus sambucifolia*
● バラ科　ナナカマド属

高山帯でハイマツ林の林縁や林内に混じって生える。葉は小葉が3〜4対、光沢があり太めで鋸歯は鋭い。花弁はクリーム色を帯び、大きめで垂れ下がって咲くのが特徴。ナナカマドの仲間で最も高標高に生える。

漢字名	高嶺七竈
花　期	6〜7月
環　境	ハイマツ林
分　布	北海道、本州中部以北
大きさ	0.5〜2m

花は花弁が5〜6mmで白い

鮮やかに紅葉する

果実は小さめで赤く熟す

涸沢カールの紅葉の主役でも知られる　7/29 大雪山

白〜クリーム色

ウラジロナナカマド

- *Sorbus matsumurana*
- バラ科　ナナカマド属

漢字名	裏白七竈
花　期	7〜8月
環　境	低木林
分　布	北海道、本州中部以北
大きさ	1〜3m

亜高山〜高山帯の低木林内や林縁に生える。特に多雪となるカール地形や雪田の周辺など、冬期は雪の重みで斜面下方向に押しつぶされる環境に多い。葉は光沢がなく、鋸歯は上半分まで。秋には鮮やかに紅葉し、涸沢は本種で有名。

77

名前の通り岩場や礫地に多い　7/31 白馬岳

花は直径 0.6～1cm 程度

葉の長さは 1～4.5cm

マルバシモツケの葉は1.6～6cm

白～クリーム色

イワシモツケ

● *Spiraea nipponica* var. *nipponica*
● バラ科　シモツケ属

山地～高山帯の日当たりのよい岩場や礫地に生える落葉低木。特に石灰岩や蛇紋岩など特殊な地質に多い。葉は先に数個の鋸歯があるか全縁。同属の**マルバシモツケ**は葉が丸みを帯び鋸歯は基部まであり、北海道と東北地方に分布。

漢字名	岩下野
花期	6～7月
環境	岩礫地
分布	本州（近畿以北）
大きさ	0.3～2m

葉の先端は長くのびる

雌雄異株の雌花

雄しべが目立つ雄花

高山帯の岩場まで分布は広い　7/30 夕張岳

- *Aruncus dioicus* var. *kamtschaticus*
- バラ科 ヤマブキショウマ属

ヤマブキショウマ

白〜クリーム色

漢字名	山吹升麻
花　期	6〜8月
環　境	岩礫地、草地、林縁
分　布	北海道、本州、四国、九州
大きさ	30〜100 cm

山地〜高山帯の草地、林縁から、岩場まで幅広い生育環境に生える。アポイ岳には葉が厚い変種のアポイヤマブキショウマが、早池峰山には果実が上を向く変種のミヤマヤマブキショウマが分布し、それぞれ葉の先は尾状に伸びない。

険しい奥穂高岳にも生える　8/7 白馬岳

花は直径約 1.2 cm

葉は浅く3つに裂ける

チシマクモマグサの葉

白〜クリーム色

クモマグサ

● *Saxifraga merkii* var. *idsuroei*
● ユキノシタ科　ユキノシタ属

高山帯の稜線付近や雪田周辺の礫地に生える。特に雪解けが遅く礫地となる環境で見られるが、分布は局所的。葉の先は浅く3裂する。同属で基本種の**チシマクモマグサ**は、北海道の高山帯に分布し葉の先が分裂しない。

漢字名	雲間草
花　期	7〜9月
環　境	岩礫地、雪田
分　布	本州(北アルプス)御嶽山
大きさ	2〜7 cm

花は近寄ると点模様が美しい

葉の縁は剛毛がありロゼット状　オーバーハングした岩場にも咲く　7月29日赤沢岳

シコタンソウ

- *Saxifraga bronchialis* subsp. *funstonii* var. *rebunshirensis*
- ユキノシタ科　ユキノシタ属

白〜クリーム色

漢字名	色丹草
花　期	7〜8月
環　境	岩礫地
分　布	北海道、本州中部以北
大きさ	2〜10cm

高山帯で稜線付近の岩礫地に生え、岩陰や岩隙にマット状に広がる。クサリ場など岩場でも見られ垂直よりかぶった環境に咲くこともある。肉質の葉はロゼット状で縁には剛毛がある。名の由来は北方領土の色丹島から。

湿った岩場に咲く　6/27 礼文島

花は小さく直径 5〜6mm

葉は厚く1.5〜8cmで鋸歯がある

フキユキノシタの葉はフキに似る

白〜クリーム色

ヤマハナソウ

● *Saxifraga sachalinensis*
● ユキノシタ科　ユキノシタ属

山地〜高山帯の湿った岩場や岩場の草地に生える。葉は楕円形で柄があり根ぎわから生える。同属で花序がよく似た**フキユキノシタ**は本州中部以北、北海道の山地〜亜高山帯で流水辺の岩場に生える。葉はフキのような形。

漢字名	山鼻草
花　期	6〜7月
環　境	草地、岩場
分　布	北海道
大きさ	10〜40cm
RDB	EN

花は直径約1cm 花弁は矢筈形

チシマイワブキ 利尻山 　北海道の高山礫地に生える　7/29大雪山

- *Saxifraga laciniata*
- ユキノシタ科　ユキノシタ属

クモマユキノシタ

白〜クリーム色

漢字名	雲間雪ノ下
花　期	7〜8月
環　境	岩礫地
分　布	北海道（大雪山、夕張山地、幌尻岳）
大きさ	4〜12cm
RDB	EN

高山帯付近の礫地に生える。分布は局所的で個体数も限られた絶滅危惧種。葉には鋭い鋸歯がある。同属の**チシマイワブキ**は北海道に分布し、高山帯の岩場や岩場の草地に生える。北アルプス産のものは変種のタテヤマイワブキとされる。

花の大きさは約1cm

葉は5〜7裂

花は飾りでクローン繁殖する　8/13 北岳

むかごが発芽して子個体となる

白〜クリーム色

ムカゴユキノシタ

● *Saxifraga cernua*
● ユキノシタ科　ユキノシタ属

高山帯で稜線付近の岩場の湿った岩陰に生える。名の由来は葉の脇にむかごを形成しクローン繁殖することから。周北極圏に広く分布するが、日本での分布は北海道を飛び越して白馬岳、南アルプスや八ヶ岳の一部に局所的。

漢字名	零余子雪ノ下
花期	7〜8月
環境	岩礫地
分布	本州(白馬岳、八ヶ岳、南アルプス)
大きさ	5〜15cm

花弁の下2枚は不揃いが多い

葉はほとんど毛がない

ダイモンジソウの葉には毛がある 　暗く湿った岩場で見ることが多い　7/30 白馬岳

- *Saxifraga fortunei* var. *alpina*
- ユキノシタ科　ユキノシタ属

漢字名	深山大文字草
花　期	7～8月
環　境	岩礫地
分　布	北海道、本州(中部以北)
大きさ	2～20cm

ミヤマダイモンジソウ

白～クリーム色

高山帯の岩場で湿った岩陰に生えるが、時に岩場の草地でも見る。名の由来は花弁の下側の2枚が上側の花弁より長く大の字に見えることから。**ダイモンジソウ**の高山で見かけるタイプで、茎や葉にほとんど毛がないのが特徴。

細かく切れ込んだ腺体は仮雄しべ

花の形を梅鉢紋に見立てたという　9/3 霧ヶ峰　　ヒメウメバチソウ　白馬岳

コウメバチソウ

白～クリーム色

● *Parnassia palustris* var. *tenuis*
● ユキノシタ科　ウメバチソウ属

山地～高山帯の湿った草地や礫地に生える。花には雄しべの他に仮雄しべがあり7～11裂する。同属の**ヒメウメバチソウ**は日本海側の高山に分布し高さ3～15cm、湿った草地や雪田跡に生える。花の直径が1cm以下と小さい。

漢字名	梅鉢草
花期	7～9月
環境	岩礫地、草地
分布	北海道、本州(中部以北)
大きさ	5～15cm

花は大きさ5mmほどと小さい

花後の果実

葉は五角形

深い森の中で多く見る。 6/20 夕張岳

ズダヤクシュ

- *Tiarella polyphylla*
- ユキノシタ科　ズダヤクシュ属

漢字名	喘息薬種
花　期	6〜7月
環　境	林内
分　布	北海道、本州、四国、九州
大きさ	10〜40cm

山地〜亜高山帯の林内に生える。分布の中心はブナ帯だが、亜高山針葉樹林にも多い。花茎や葉には毛が多い。葉は五角形で浅く裂ける。和名は長野県の方言で喘息のことをズダといい、本種が薬用にされたことからという。

白〜クリーム色

花弁は4枚で大きさは5mmほど

果実はねじれて8〜9mm

岩場に生え、花期が早く梅雨時が見頃　7/13 白馬岳　葉の縁には毛がある

白〜クリーム色

シロウマナズナ

● *Draba shiroumana*
● アブラナ科　イヌナズナ属

高山帯で稜線付近の岩場や礫地に生える。アブラナ科の花は同じようなつくりで識別が難しいが、本種の特徴は茎が無毛で葉の縁に毛があること。花期はかなり早め。果実はねじれる。分布や個体数が限られた絶滅危惧種。

漢字名	白馬薺
花　期	6〜7月
環　境	岩礫地
分　布	本州(白馬山系、南アルプスほか)
大きさ	5〜15cm
RDB	EN

葉は7〜20mm、鋸歯は1〜5対

ハクホウナズナ　八ヶ岳

岩場に生え、葉には深い鋸歯がある　6/27 八ヶ岳

クモマナズナ

● *Draba nipponica*
● アブラナ科　イヌナズナ属

漢字名	雲間薺
花　期	6〜7月
環　境	岩礫地本州（北アルプス南部、御嶽山、八ヶ岳、南アルプスほか）
分　布	
大きさ	8〜15cm
RDB	VU

亜高山〜高山帯で稜線付近の岩場に生える。葉に星状毛があり茎には単純毛と2分枝毛がある。同属の**ハクホウナズナ**は八ヶ岳と北岳、悪沢岳の岩場にまれに生える絶滅危惧種で5〜10cm、茎は星状毛が密生し、葉の鋸歯は小さい。

白〜クリーム色

稜線の風衝地でははうように生える 7/13 白馬岳

花弁の長さ6〜10mm

フジハタザオの葉 富士山

白〜クリーム色

ウメハタザオ

● *Arabis serrata var.japonica f. grandiflora*
● アブラナ科　ハタザオ属

高山帯で稜線付近の岩礫地に生える。花は大きめで花弁の長さは約1cm。茎葉は楕円形で鋸歯はごく浅く長さ約2cm。基部は茎を抱く。基本種の**フジハタザオ**は富士山の固有種で砂礫地に生え、葉は粗い鋸歯がある。

漢字名	梅旗竿
花　期	6〜7月
環　境	岩礫地
分　布	本州(東北〜中部)
大きさ	10〜20cm

90

葉は羽状に深裂、茎の毛は目立つ

タカネグンバイ　夕張岳　　弱々しくのびる印象　7/12 北岳

- *Arabidopsis kamchatica* subsp. *kamchatica*
- アブラナ科　ハタザオ属

ミヤマハタザオ

白～クリーム色

漢字名	深山旗竿
花　期	6～7月
環　境	岩礫地、沢沿い
分　布	北海道、本州（中部以北ほか）
大きさ	5～30cm

山地～高山帯の砂礫地や岩場に生える。特に湿り気のある沢沿いの礫地に多い。茎の基部には毛が密生することが多い。同科の**タカネグンバイ**は北海道の高山に局所的に分布し、砂礫地に生え、茎葉は矢筈のような形で茎を抱く。

岩礫地に生えとても小さい 7/14 北岳

オクヤマガラシ 白馬岳

オクヤマガラシの葉

白～クリーム色

ミヤマタネツケバナ
● Cardamine nipponica
● アブラナ科　タネツケバナ属

亜高山～高山帯で稜線付近の礫地や岩陰に生える。雪田底など雪解けが遅く、植物が生えにくい環境でも見られる。同属の**オクヤマガラシ**は山地～亜高山帯の流水辺などに生え 15～40cm と大きく、奇数羽状複葉の小葉は 2～4 対。

漢字名	深山種子漬花
花期	7～8月
環境	岩礫地、雪田
分布	北海道、本州(中部以北)
大きさ	2～5cm

花弁は4枚で大きさは7mmほど

葉はシダ植物に似る　　亜高山帯の針葉樹林の林床に咲く　6/27 八ヶ岳

- *Pteridophyllum racemosum*
- ケシ科　オサバグサ属

漢字名	筬葉草
花　期	5〜7月
環　境	針葉樹林内
分　布	本州(中部以北)
大きさ	15〜25cm

オサバグサ

白〜クリーム色

亜高山帯の針葉樹林の林床に生える。鬱蒼としてコケむす薄暗い環境に多い。分布は広いが、どこでも見られる訳ではない。しばしば見事に群生する。名の由来はシダ植物のシシガシラに似る葉の形を機織りのオサに見立てたことから。

多雪地の谷沿いに多い 7/13 白馬岳

透き通るような純白の花弁

葉は2枚で下の葉が大きい

果実は黒紫色で1cmほど

白〜クリーム色

サンカヨウ

● *Diphylleia grayi*
● ケシ科　サンカヨウ属

山地〜亜高山帯の湿った林内や林縁に生える。主に日本海側など多雪となる地域に分布し、沢筋の斜面に多く見られる。花は2cmほどで10個程度までまとまって咲く。名の由来は葉の形がハス（荷葉）に似ることから。

漢字名	山荷葉
花　期	5〜7月
環　境	落葉樹林
分　布	北海道、本州
大きさ	30〜60cm

キリギシソウ　崕山の固有種

ヒダカソウ　アポイ岳の固有種　　北岳にのみ咲く貴重な固有種　6/30 北岳

キタダケソウ

● *Callianthemum hondoense*
● キンポウゲ科　キタダケソウ属

漢字名	北岳草
花　期	6月中旬～7月上旬
環　境	高山草原
分　布	北岳
大きさ	8～15cm
RDB	VU

白～クリーム色

北岳に特産し、山頂付近の石灰岩地の草地に生える。稜線東側斜面で適湿な環境に多い。同属で花弁が長めの**キリギシソウ**が夕張山地の崕山に、**ヒダカソウ**がアポイ岳に分布するが減少傾向が続き、絶滅の危機に瀕している。

明るい草地の環境に多い　7/2 早池峰山

花糸はストレートな棒状

小葉の先はのびず丸っこい

白～クリーム色

カラマツソウ

● *Thalictrum aquilegifolium* var. *intermedium*
● キンポウゲ科　カラマツソウ属

山地帯〜高山帯の草地に生える。高原から広葉草原まで垂直分布は広い。この仲間にはミヤマカラマツ、モミジカラマツ、と似た種があるが、本種は葉が丸みを帯び托葉がある。また花糸はまっすぐな棒状になることが特徴。

漢字名	唐松草
花　期	7〜8月
環　境	高山草原
分　布	北海道、本州、四国、九州
大きさ	20〜120cm

花糸は先が太くなるこん棒状

小葉の先はのびる

カラマツソウより暗い林縁の環境に多い　7/5 尾瀬

- *Thalictrum tuberiferum*
- キンポウゲ科　カラマツソウ属

漢字名	深山唐松
花　期	7～8月
環　境	林内、林縁
分　布	北海道、本州、四国、九州
大きさ	30～80cm

ミヤマカラマツ

山地～亜高山帯の林内や林縁に生える。薄暗い環境に多い。本種の類似種との識別ポイントは、葉は鋸歯があり先が長く菱形に近い形状になること。托葉がなく、花糸の基部が糸のように細く、先端が太いこん棒状になること。

白～クリーム色

湿った草地に多い　7/24 双六

花糸は棒状だが先ほど太い

葉はモミジのような形

白〜クリーム色

モミジカラマツ

● *Trautvetteria caroliniensis* var. *japonica*
● キンポウゲ科　モミジカラマツ属

亜高山〜高山帯の草地に生える。広葉草原など湿った環境に多い。本種の識別点は葉は大きく7〜9裂してモミジのような形となること、花は花糸が先端ほど太いがカラマツソウと同じく棒状となること。花弁はなく萼片は早落する。

漢字名	紅葉唐松
花期	7〜8月
環境	広葉草原
分布	北海道、本州、四国、九州
大きさ	30〜80cm

これは萼片の先が丸めの個体

葉は細かく切れ込み先端は鋭頭

萼片が緑色のミドリハクサンイチゲ　最もメジャーな高山植物の1つ　7/6 至仏山

● *Anemone narcissiflora* subsp. *nipponica*
● キンポウゲ科　イチリンソウ属

ハクサンイチゲ

白〜クリーム色

漢字名	白山一花
花　期	6〜8月
環　境	岩礫地、雪田草原、風衝草地
分　布	本州(中部以北)
大きさ	10〜30cm

亜高山〜高山帯で風衝草地や崩壊斜面、雪田周辺の草地など幅広い環境に生えるメジャーな種。分布、個体数とも多い。白い花弁状は萼片。北海道と東北には葉の裂片がより太めで先端も鈍頭な亜種のエゾノハクサンイチゲが分布する。

花期はとても早い 6/2 八ヶ岳

花は小さく直径約1cm

サンリンソウ 尾瀬

白～クリーム色

ヒメイチゲ

● Anemone debilis
● キンポウゲ科　イチリンソウ属

山地～高山帯の明るい林内や草地に生える。花は小さく直径は約1cm。花期も早く春一番に咲く。山地～亜高山帯の林縁や草地に生える**サンリンソウ**は直径約1.5cm、ニリンソウに似るが、花は1～4個で葉には柄がある。

漢字名	姫一花
花　期	5～7月
環　境	草地、林内、低木林
分　布	北海道、本州（近畿以北）
大きさ	3～15cm

花は天気が良いほど開く

葉は花後のびる

果実は一見チングルマに似る 　　イワウメの葉の中で鮮やかに映える　6/10 八ヶ岳

白～クリーム色

● *Pulsatilla nipponica*
● キンポウゲ科　オキナグサ属

ツクモグサ

漢字名	九十九草
花　期	6～7月
環　境	岩礫地、風衝草地
分　布	北海道、本州(白馬山系、八ヶ岳)
大きさ	5～15cm
RDB	EN

高山帯で稜線付近の風衝地に生える。花期はひときわ早く、雪解けが早い稜線で、他の植物が緑の葉を芽吹いてない6月上旬から葉よりも先に開花する。花は陽光を受けると開く。分布、個体数ともに限られた絶滅危惧種。

白い花弁状は萼片で黄色が花弁（蜜弁）　7/5 至仏山　　セリバオウレン　八ヶ岳

ミツバノバイカオウレン　月山

白〜クリーム色

ミツバオウレン

● *Coptis trifolia*
● キンポウゲ科　オウレン属

亜高山帯〜高山帯の針葉樹林の林内や林縁、時に湿原にも生える。葉は3枚で常緑性、光沢がある。同属の**ミツバノバイカオウレン**は日本海側の多雪地に生え、**セリバオウレン**は太平洋側の山地〜亜高山帯に生える。

漢字名	三葉黄蓮
花　期	6〜7月
環　境	林内、林縁
分　布	北海道、本州（中部以北）
大きさ	5〜10cm

兜の部分はトリカブトより長め

葉はより細かく裂ける

アズマレイジンソウ　　トリカブト属の有毒植物　8/19 白馬岳

- *Aconitum umbrosum*
- キンポウゲ科　トリカブト属

オオレイジンソウ

漢字名	大麗人草
花　期	7〜8月
環　境	林内、林縁
分　布	北海道、本州(中部以北)
大きさ	50〜100 cm

亜高山帯の林内や林縁に生える。日本海側の山域で湿った沢沿いなどに多い。花は淡黄色でトリカブトに似るが同じ属の有毒植物。太平洋側の山地〜亜高山帯の林内、林縁には仲間で花が青みを帯びる**アズマレイジンソウ**が分布する。

白〜クリーム色

山地帯が中心で亜高山帯まで生える　9/6 櫛形山

多数の花からなる穂状花序

葉は2～3回3出複葉

サラシナショウマ

● *Cimicifuga simplex*
● キンポウゲ科　サラシナショウマ属

白～クリーム色

山地～亜高山帯の湿った林内、林縁を中心に、高原や草原など幅広い生育環境に生える。茎の先端に1cm程度の白い花を多数穂状につけ、花は下から咲き上がる。名の由来は若芽をゆで、水でさらして食べたことから。

漢字名	晒菜升麻
花　期	8～10月
環　境	草地、林内、林縁
分　布	北海道、本州、四国、九州
大きさ	0.6～1.2 m

葉は細く縁に毛がなく5〜25mm

エゾタカネツメクサ　大雪山 　　稜線付近の砂礫地に生える　7/30 白馬岳

- *Arenaria arctica* var. *hondoensis*
- ナデシコ科　タカネツメクサ属

タカネツメクサ

漢字名	高嶺爪草
花期	7〜8月
環境	岩礫地
分布	本州（飯豊山、中部地方）
大きさ	2〜6cm

高山帯で稜線付近の砂礫地に生える。群生してまとまった株を形成することが多い。花弁は細く萼片の1.5〜2倍。葉は細く1mm以下で縁は無毛。変種の**エゾタカネツメクサ**は北海道に分布し、花も葉も少し大きめ。

白〜クリーム色

花期は早めで葉は太め　6/24 八ヶ岳　　　　　エゾミヤマツメクサ　大雪山

葉の縁には毛があり、0.05〜0.1 mm

白〜クリーム色

ミヤマツメクサ

● *Arenaria macrocarpa* var. *jooi*
● ナデシコ科　タカネツメクサ属

高山帯の岩礫地に生える。タカネツメクサに似るが分布、個体数ともずっと少なく、花期はより早め。花はタカネツメクサより短めでふくよかな印象。変種の**エゾミヤマツメクサ**は大雪山に分布し、葉の縁の毛が 0.5 mm と長め。

漢字名	深山爪草
花　期	6〜7月
環　境	岩礫地
分　布	本州（北アルプス、八ヶ岳、荒川岳、千枚岳）
大きさ	2〜4 cm

花は五角形できれいな星形

名前の通り葉は細くてとがる 　岩礫地に生え、花の名山に多い　7/30 夕張岳

- *Arenaria verna* var. *japonica*
- ナデシコ科　タカネツメクサ属

ホソバツメクサ

白〜クリーム色

漢字名	細葉爪草
花　期	7〜8月
環　境	岩礫地
分　布	北海道、本州（早池峰山、谷川岳、至仏山、中部地方）
大きさ	2〜4cm

高山帯の稜線付近の岩礫地に生える。白馬山系や早池峰山など蛇紋岩地が露出して変わった植生が見られる山域に多い。花は直径5〜6mmと小さく、タカネツメクサよりも端正な星形の印象で、花弁も小さく萼片より少し長い程度。

火山性の砂礫地に生える　7/28 雌阿寒岳

葉は両面に短毛がある

ハイツメクサ　白馬岳

白〜クリーム色

メアカンフスマ
● *Arenaria merckioides* var. *merckioides*
● ナデシコ科　タカネツメクサ属

雌阿寒岳と知床山地の砂礫地にのみ生える。花の直径は約1.2cm。鳥海山には若干大きめのチョウカイフスマが生えるが、同一とする見解もある。同属の**ハイツメクサ**は白馬山系にのみ分布し高山帯で雪田周辺の岩礫地に生える。

漢字名	雌阿寒衾
花　期	7〜8月
環　境	岩礫地
分　布	雌阿寒岳、知床山地
大きさ	5〜15cm

新鮮な花は雄しべがピンク色

葉は2〜4mmで先はとがる

アポイツメクサ　　　少ないうえ小さいので気づきにくい　7/10 早池峰山

- *Arenaria katoana*
- ナデシコ科　タカネツメクサ属

カトウハコベ

白〜クリーム色

漢字名	加藤繁縷
花　期	7〜8月
環　境	岩礫地
分　布	夕張岳、戸蔦別岳、早池峰山、谷川岳、至仏山
大きさ	3〜10cm
RDB	VU

高山帯の岩礫地に生える。分布は蛇紋岩地に限られ個体数も少ない希少種。花はホソバツメクサにそっくりだが葉が異なる。花の直径約8mm。変種の**アポイツメクサ**はアポイ岳に生え、葉がより細いが個体数はごく少ない。

稜線付近の岩礫地に多い 7/31 白馬岳

花弁は1/2〜1/3ほど切れ込む

茎は暗紫色で毛が多い

葉の縁は暗紫色を帯びる

白〜クリーム色

クモマミミナグサ

● *Cerastium schizopetalum* var. *bifidum*
● ナデシコ科　ミミナグサ属

　高山帯の岩礫地に生える。北アルプス北部で蛇紋岩が露出した場所に多い。茎と葉の縁は暗紫色を帯びることが多く、茎には一列の軟毛がある。稜線より下の草地に多い、タカネミミナグサに似るが本種は稜線付近に多く背が低め。

漢字名	雲間耳菜草
花　期	7〜8月
環　境	岩礫地
分　布	北アルプス北部
大きさ	5〜10cm

花弁は1/2ほど切れ込む

葉の縁にはごく短い毛がある

チシマツメクサ　　　クモマミミナグサに似るが背が高い　8/2 白馬岳

- *Cerastium rubescens* var. *koreanum*
- ナデシコ科　ミミナグサ属

タカネミミナグサ

漢字名	高嶺耳菜草
花　期	7〜8月
環　境	岩礫地、草地
分　布	北海道、本州（北アルプス）
大きさ	10〜20cm
RDB	VU

亜高山〜高山帯の草地や礫地、林縁に生える。茎は緑色のことが多く、葉の縁全体に短毛があり、背が高くなるのが特徴。またツメクサ属の**チシマツメクサ**は高山帯の岩礫地に生え高さ1〜5cm。分布、個体数とも局限されている。

白〜クリーム色

稜線の砂礫地に生え繊細な印象　7/19 北岳

花弁は2裂しさらに2裂

花柄には腺毛が密生する

葉は基部近くに縁毛がある

ミヤマミミナグサ

白〜クリーム色

● *Cerastium schizopetalum*
● ナデシコ科　ミミナグサ属

亜高山帯〜高山帯で稜線付近の砂礫地や岩礫地に生える。南アルプス、八ヶ岳では普通に見られるが、北アルプスでは局所的に点在する程度で少ない。花弁は2裂し裂片がさらに2〜3裂することが多い。茎には1列の軟毛がある。

漢字名	深山耳菜草
花　期	7〜8月
環　境	岩礫地
分　布	北アルプス、八ヶ岳、南アルプス
大きさ	5〜20 cm

花弁は10枚に見えるが5枚

葉は脈が目立ち2〜4cm

岩場か礫地に群生し割合多い　8/6 白馬

- *Stellaria nipponica* var. *nipponica*
- ナデシコ科　ハコベ属

イワツメクサ

白〜クリーム色

漢字名	岩爪草
花　期	7〜8月
環　境	岩礫地
分　布	本州中部
大きさ	5〜15cm

高山帯の岩礫地に生える。本州中部の高山では分布、個体数とも割合多いが、八ヶ岳では少ない。花は直径約1.5cm、花弁は5枚が深く裂ける。大雪山にはよく似て葉や茎が少し大きめの同属のエゾイワツメクサが分布する。

岩礫地に生え、分布はやや限られる 8/18 白馬岳 　　新鮮な花は雄しべの葯が赤い

光沢がない三角形

白〜クリーム色

シコタンハコベ

● *Stellaria ruscifolia*
● ナデシコ科　ハコベ属

高山帯で稜線付近の岩場や礫地に生える。分布は「花の名山」とされる山域にやや局所的。幅が広く灰白を帯びた固い葉が特徴。花は直径約1.5cm。新鮮な花は雄しべの葯が鮮やかな赤色で美しく引き立つ。花弁は2裂し10個に見える。

漢字名	色丹繁縷
花　期	7〜8月
環　境	岩礫地
分　布	北海道、本州（北・南アルプス、八ヶ岳ほか）
大きさ	3〜15cm
RDB	VU

咲き始めは雄しべが目立つ雄性期

次に雌しべがのびる雌性期 　亜高山帯の林縁や草地まで生える　7/19 櫛形山

- *Silene gracillima*
- ナデシコ科　マンテマ属

センジュガンピ

漢字名	千手岩菲
花　期	7～8月
環　境	林内、林縁、沢沿い
分　布	北海道、本州(中部以北)
大きさ	40～100 cm

山地～亜高山帯の沢筋など湿った林内や林縁に生える。葉は対生し長さ4～12cm、先がとがる。花弁は直径約2cmで先は不規則に切れ込む。名の由来は日光の千手ヶ浜から。ナデシコ科の多くは花に雄性期と雌性期がある。

白～クリーム色

白っぽい花の個体

うっすらと赤みを帯びた個体

天気が良すぎると花に元気がない　7/27 アポイ岳

茎や萼筒が赤みを帯びるのが特徴

白～クリーム色

アポイマンテマ

● *Silene repens* var. *apoiensis*
● ナデシコ科　マンテマ属

アポイ岳の岩礫地に生える。花弁は長さ6～7mmで先端は2裂し白色または淡紅色。萼筒や茎は紅紫色で毛が少ない。葉は対生し長さ1.5～7.5cm。基本種のカラフトマンテマは萼筒は緑色で毛が多く、礼文島や日高山地に生える。

漢字名	アポイマンテマ
花　期	7～8月
環　境	岩礫地
分　布	北海道(アポイ岳)
大きさ	10～20cm
RDB	CR

雌雄異株の雌花序、雌しべのみ

雌雄異株の雄花序、雄しべのみ

葉は大きく三角形に近い

砂礫地や崩壊地に生えしばしば群生する　7/7 富士山

オンタデ

- *Aconogonon weyrichii* var. *alpinum*
- タデ科　オンタデ属

白～クリーム色

漢字名	御蓼
花　期	7～8月
環　境	砂礫地
分　布	北海道、本州（中部以北）
大きさ	30～100 cm

高山帯の砂礫地や崩壊地に生える。葉の裏は緑色で毛が少ない。葉の裏に毛が密生し白色なのは基本種のウラジロタデとなる。よく似たオヤマソバと比べて葉が大きく、長さ10～20cmで基部は切形か広いくさび形。

稜線付近の礫地に生える 7/30 白馬岳

花は両性で雌しべと雄しべがある

葉は小さく 3.5 〜 12 cm

白〜クリーム色

オヤマソバ

● *Aconogonon nakaii*
● タデ科　オンタデ属

高山帯の岩礫地に生え、しばしば群生する。花はオンタデと比べて、全体小型だが特に葉が小さく長さ 3.5 〜 12 cm、卵形で基部ではなく中間部が一番太くなる。オンタデのように雌雄異株ではなく、花は両性で雄しべと雌しべがある。

漢字名	御山蕎麦
花　期	7〜8月
環　境	岩礫地
分　布	北海道、本州（東北〜北アルプス）
大きさ	10〜50 cm

花は両性で雌しべと雄しべがある

オノエイタドリ　富士山

オノエイタドリの葉

北海道の高山の岩礫地に生える　7/29 大雪山

● *Aconogonon ajanense*
● タデ科　オンタデ属

ヒメイワタデ

白〜クリーム色

漢字名	姫岩蓼
花　期	7〜8月
環　境	岩礫地
分　布	北海道（利尻島、礼文島、大雪山、夕張岳、ほか）
大きさ	10〜30 cm
RDB	VU

高山帯の砂礫地や岩礫地に生える。葉は細長い卵形で長さ2.5〜7 cm。茎がよく枝分かれして広がる。同科の**オノエイタドリ**はイタドリの高山型で葉は丸みを帯び、基部が凹む切形。花は白だが赤みを帯びる個体も多い。

白～クリーム色

周北極地方に広く分布する　8/1 八ヶ岳

花はあるが果実は通常できない

花穂の下部にむかごができる

葉は細長く2～13cm

ムカゴトラノオ

● *Bistorta vivipara*
● タデ科　イブキトラノオ属

亜高山～高山帯で稜線付近の岩礫地や風衝草地に生える。周北極要素の高山植物で、厳しい自然環境で確実に子孫を残して広がる戦略として、むかごによる栄養繁殖を行い、親個体の一部が子個体となって発芽する。

漢字名	零余子虎の尾
花　期	7～8月
環　境	岩礫地、風衝草地
分　布	北海道、本州中部以北
大きさ	7～50cm

キバナノアツモリソウ

オノエラン　岩角地に生える 　　管理自生地で大切に保護されている　5/29 礼文島

● Cypripedium macranthos var. flavum
● ラン科　アツモリソウ属

漢字名	礼文敦盛草
花　期	5月下旬〜6月中旬
環　境	草地
分　布	礼文島
大きさ	20〜40 cm
RDB	EN

レブンアツモリソウ

白〜クリーム色

礼文島に特産し草地に生える。同属の**キバナノアツモリソウ**は本州中部以北の亜高山帯の草地に局所的に生えるが、近年自生地では衰退が激しい。**オノエラン**は本州中部以北で山地〜亜高山帯の草地や岩場の草地に生える。

うっそうとしてコケむす林床でまれに咲く　9/1 八ヶ岳　アリドオシランの花は約8mm

花は長さ約8mmで5〜12個つく

葉は4〜6個で模様がある

白〜クリーム色

ヒメミヤマウズラ

● *Goodyera repens*
● ラン科　シュスラン属

山地〜亜高山帯の林内にまれに生える。特に針葉樹林内のコケむした林床に多い。名の由来は葉の網目状の模様を、ウズラの羽模様に見立てた。同様に別属の**アリドオシラン**は同じような環境に生え、高さ5〜10cmで花は1〜2個。

漢字名	姫深山鶉
花　期	7〜8月
環　境	針葉樹林
分　布	北海道、本州（中部以北ほか）
大きさ	10〜20cm

花の直径約5mmで総状になる

茎には鱗片葉が散生する　分布山域は狭いがまとまった個体数がある　7/6 至仏山

- *Japonolirion osense*
- ユリ科　オゼソウ属

オゼソウ

白〜クリーム色

漢字名	尾瀬草
花　期	7月
環　境	湿った草地
分　布	天塩山地、谷川岳、至仏山
大きさ	10〜15cm
RDB	VU

至仏山と谷川岳周辺の蛇紋岩地に特産する。葉は数個で長さ5〜10cm。花は直径約5mmで20〜40個つく。北海道の天塩山地の蛇紋岩地には、高さ30cmになり花が40〜70個と多くつく変種テシオソウがある。

花序は長さ7〜15mm

岩角地周辺に多く，この株はかなり大きめ　8/6 白馬岳　　アポイゼキショウ　花序は長め

白〜クリーム色

チシマゼキショウ

● *Tofieldia coccinea* var. *fusca*
● ユリ科　チシマゼキショウ属

高山帯の岩角地に生える。花序は長さ7〜15mmで、花は10数個が密につく。花被片の長さは3mm程度。葉は剣状で先は鋭くとがる。変種の**アポイゼキショウ**は北海道のアポイ岳や大平山に産し花序が1〜3cmとより長め。

漢字名	千島石菖
花　期	7〜8月
環　境	岩礫地
分　布	北海道，本州(中部以北)
大きさ	5〜10cm

雌しべは緑色、花被片は2〜2.5mm

葉はねじれてかたい 　　イワショウブよりかなり小さい　7/2 早池峰山

● *Tofieldia okuboi*
● ユリ科　チシマゼキショウ属

ヒメイワショウブ

白〜クリーム色

漢字名	姫岩菖蒲
花　期	7〜8月
環　境	草地、岩角地
分　布	北海道、本州(中部以北)
大きさ	5〜10cm

亜高山〜高山帯の湿った礫地や岩場周辺の草地に生える。葉は長さ1.5〜7cm、ねじれることが多い。花序は長さ1〜4cm、花被片の長さは2〜2.5mm程度、クリーム色で、雌しべは緑色。雄しべの葯は黄色。

白〜クリーム色

イワと名前がつくが湿地に生える　8/24 白馬岳

新鮮な花は雄しべが鮮やかに赤い

葉は幅3〜8mm、茎は粘る

イワショウブ

● *Tofieldia gultinosa* subsp. *japonica*
● ユリ科　チシマゼキショウ属

山地〜高山帯の湿地や湿原、湿った草地に生える。花は直径5〜6mmで1節に3個つく。花茎は20〜40cmほどに伸びて上部は粘つき、1〜2個の小型の葉がある。つぼみは赤みを帯び、咲くと白色、果実は赤みを帯びる。

漢字名	岩菖蒲
花期	8〜9月
環境	草地、湿原
分布	本州
大きさ	20〜40cm

中心の花序は両性花

バイケイソウの白い花のタイプ　花が良く咲く当たり年と、はずれ年がある　6/26 霧ヶ峰

- *Veratrum stamineum*
- ユリ科　シュロソウ属

コバイケイソウ

漢字名	小梅蕙草
花　期	7〜8月
環　境	高山草原、湿原
分　布	北海道、本州（中部以北ほか）
大きさ	50〜100 cm

亜高山〜高山帯の湿った草地や湿原に生え、しばしば見事に群生する。中心で高くのびる花序は雌しべと雄しべがある両性花だが、外側の花序は雄花のみ。有毒植物。同属の**バイケイソウ**は花が大きく緑色だが、白色もある。

白〜クリーム色

稜線付近の風衝地で風に揺れる　6/27 八ヶ岳

花は大きさ1〜1.5cm

葉は根生葉2個と茎葉4個がある

白〜クリーム色

チシマアマナ

● *Lloydia serotina*
● ユリ科　チシマアマナ属

高山帯で稜線付近の岩角地や岩場周辺の草地に生える。葉は線形で根生葉2個と茎葉4個がある。花期は早めで梅雨時に咲く。山野に生え、豊かな里山の指標となるアマナとは別属で、ホソバノアマナと同じ仲間となる。

漢字名	千島甘菜
花　期	6〜7月
環　境	岩礫地
分　布	北海道、本州（早池峰山、谷川岳、至仏山、中部地方ほか）
大きさ	7〜15cm

花は1～1.5cmで1～20個つく

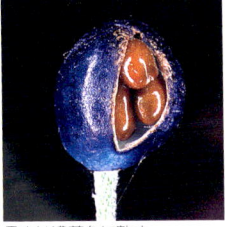

果実は濃藍色に熟す

黒く熟すのは**クロミツバメオモト**　深山の林内に咲く　5/29 恵庭岳

● Clintonia udensis
● ユリ科　ツバメオモト属

ツバメオモト

白～クリーム色

漢字名	燕万年青
花　期	5～7月
環　境	林内
分　布	北海道、本州（近畿以北ほか）
大きさ	20～30cm

山地～亜高山帯の落葉樹林内から針葉樹林内にかけて生える。適度に湿った深い森の林床に多い。大きな株になると花つきも多く見事。葉は厚く柔らかい。名の由来は花後にできる濃藍色の果実を燕の頭に見立てたことから。

花は直径約5mmで花弁4個

葉はハート形でこれは細め

果実は最初茶色で後に赤くなる

たくさんの鶴が舞うように群生していた　7/6 至仏山

白～クリーム色

マイヅルソウ

● *Maianthemum dilatatum*
● ユリ科　マイヅルソウ属

山地～亜高山帯にかけての林内や林縁に生える。花は花被片4個で大きさ5mm程度で10～20個つく。花後は5～7mmの果実になる。ヒメマイヅルソウは葉の裏や縁、葉柄に毛がある。名前は2枚の独特の形の葉を広げた姿から。

漢字名	舞鶴草
花期	5～7月
環境	林内、林縁
分布	北海道、本州、四国、九州
大きさ	8～15cm

白い部分は萼片で8〜11個

黄色は雄しべで白い線状が花弁

果実の頃は萼片も緑色になる 　大輪の花は群生するとひときわ引き立つ　7/13 白馬岳

白〜クリーム色

- Kinugasa japonica
- ユリ科　キヌガサソウ属

キヌガサソウ

漢字名	衣笠草
花　期	6〜7月
環　境	林内、林縁、沢沿い
分　布	本州（中部以北の日本海側）
大きさ	30〜80 cm

亜高山帯の湿った林内や林縁に生える。多雪地で雪が溜まる環境に多い。葉は8〜11個輪生し、中心に直径6〜7cmと大きめで豪華な花がつく。白い部分は萼片で花弁は黄色の雄しべの間にある白色の線状で目立たない。

名前の通り茎に触ってみると粘る　8/9 早池峰山

花は長さ6〜7mmで苞は長い

初秋にサーモンピンク色になる

ノギランの花のアップ　八方尾根

白〜クリーム色

ネバリノギラン

● *Aletris foliata*
● ユリ科　ソクシンラン属

山地〜高山帯の草地に生える。花は黄褐色がかった白。茎の先端に多数穂状につく。茎は花とともに腺毛があり触ると粘る。よく似た同属の**ノギラン**は山野〜亜高山帯の草地に生え、粘らず、花弁は開いて反り返る。

漢字名	粘り芒蘭
花　期	6〜8月
環　境	草地
分　布	北海道、本州、四国、九州
大きさ	25〜50cm

咲き始めの花

サギスゲの小穂は数個つく 　風に揺れる白い穂は湿原の風物詩　6/28 駒止湿原

● *Eriophorum vaginatum* subsp. *fauriei*
● カヤツリグサ科　ワタスゲ属

ワタスゲ

漢字名	綿菅
花　期	6〜8月
環　境	湿原
分　布	北海道, 本州(中部以北)
大きさ	30〜60cm

亜高山〜高山帯の湿原に生える。花は雪解け後間もない頃咲くが、カヤツリグサ科らしいつくりで目立たない。初夏に茎の先端に1個白い綿状の果穂がつき、目立つ。同属の**サギスゲ**は本州中部以北、北海道の湿原に生え、小穂は数個。

白〜クリーム色

133

礫混じりの草地で見ることが多い　8/18 白馬岳

花は茎の先端に集中してつく

この個体は鋸歯が深め

ミヤマアキノキリンソウ

黄

● Solidago virgaurea subsp. leiocarpa
● キク科　アキノキリンソウ属

高山帯の草地や稜線の岩場、礫混じりの雪田周辺まで幅広い生育環境に生える。山野に生えるアキノキリンソウの亜種で、背が低く、花は大きめで茎の先端に集まる傾向がある。和名は麒麟ではなく黄輪とする説もある。

漢字名	深山秋の麒麟草
花　期	7月下旬～9月
環　境	岩礫地、草地
分　布	本州中部以北
大きさ	15～40 cm

頭花は筒状花のみで約1cm

頭花の柄には白い毛が密生

葉は3〜5本の平行脈がある　鑓(やり)温泉近くの沢で咲いていた　8/24 白馬岳

● *Arnica mallotopus*
● キク科　ウサギギク属

チョウジギク

黄

漢字名	丁字菊
花　期	8〜9月
環　境	草地、谷筋
分　布	本州(日本海側の山地)
大きさ	20〜80cm

山地〜亜高山帯で谷筋の湿った斜面や草地などに生える。北アルプス中北部など多雪地で多く見られる。葉は対生し無柄。「チョウジ」と名がつく植物は花柄や花筒が長い種が多いが、本種も和名の通り長い花柄が特徴的。

筒状花の柄には毛がある

葉は対生し毛が多い

雪解けが遅い場所で咲くことが多い　8/18 白馬岳

茎にも白い毛が密生する

ウサギギク

黄

● *Arnica unalaschcensis* var. *tschonoskyi*
● キク科　ウサギギク属

高山帯で雪田周辺の礫地や草地に生える。稜線の東側斜面など雪が遅くまで残る環境にも多い。和名は対生する毛が多い葉をウサギの耳に見立てた。変種のエゾウサギギクは花冠の中心部分の筒状花に毛がないが、外見では識別不能。

漢字名	兎菊
花　期	7月下旬～8月
環　境	雪田草原、草地
分　布	本州中部以北の高山
大きさ	10～20 cm

葉は分裂せず無柄

ミヤマオグルマ　夕張岳 　　山野の林縁から高山まで分布が広い　8/26 八ヶ岳

● *Senecio nemorensis*
● キク科　キオン属

キオン

黄

漢字名	黄苑
花　期	7～8月
環　境	草地、林縁
分　布	北海道、本州、四国、九州の山地～高山
大きさ	20～150 cm

山地～高山帯の林縁や草地に生える。高山帯で見る個体は背が低いが、山野では1mを超え印象が異なる。似て丈が低い**ミヤマオグルマ**は北海道の高山帯で礫地や草地に生え、高さ12～30cm、茎や葉に綿のような毛がある。

137

背の低い草地に生え舌状花は短め 7/20 北岳

花の総苞は暗紫色

葉の基部は茎を抱き毛をかぶる

黄

タカネコウリンカ

● *Tephroseris takedana*
● キク科　コウリンカ属

亜高山～高山帯の草地や礫混じりの草地に生える。茎や葉に白い綿毛がある。総苞は暗紫色で基部には線状の苞がある。分布、個体数ともややまれ。山野に生えるコウリンカ（紅輪花）と同属となり、高輪花と書く。

漢字名	高嶺高輪花
花　期	7月下旬～8月
環　境	草地
分　布	本州(北・南アルプス、八ヶ岳、奥志賀、湯ノ丸山)
大きさ	10～40cm
RDB	NT

舌状花は5〜9個

葉はハート形

メタカラコウは舌状花1〜4個 　湿った場所に生えしばしば群生する　7/26 尾瀬ヶ原

- *Ligularia fischeri*
- キク科　メタカラコウ属

オタカラコウ

黄

漢字名	雄宝香
花期	7〜9月
環境	草地、谷筋
分布	北海道、本州、四国、九州の山地〜高山
大きさ	1〜2m

山地〜高山帯の草地や湿地、沢沿いの林内などに生える。花は総状に多数つき、下から咲き上がる。舌状花は5〜9個。同属の**メタカラコウ**は山地〜亜高山帯の湿地や川沿いに生え、舌状花が1〜4個と少なく小さい。

頭花は4〜11個と少ない　8/20 仙丈岳

葉はほこ型で先端はとがる

トウゲブキ　鳥海山

トウゲブキの葉は先端が円い

黄

カイタカラコウ

● *Ligularia kaialpina*
● キク科　メタカラコウ属

山地〜高山帯の草地や谷沿いに生える。頭花はオタカラコウの20以上に対し、4〜11個と少なめで全体も小さい。南アルプスなど太平洋側に多い。同属の**トウゲブキ**は東北〜北海道に分布し、30〜80cmで草地に生える。

漢字名	甲斐宝香
花期	7〜8月
環境	草地、谷筋
分布	本州（飯豊山〜南アルプス）
大きさ	30〜60cm

頭花は大きめで舌状花は10個前後

総苞やつぼみは紫褐色

葉は20〜40cmで円い

鹿が食べ残して増えている 8/7尾瀬

- *Ligularia dentata*
- キク科　メタカラコウ属

マルバダケブキ

黄

漢字名	丸葉岳蕗
花　期	7〜8月
環　境	草地、林内
分　布	本州、四国の山地帯〜高山帯下部
大きさ	40〜120cm

山地〜亜高山帯の明るい林内、林縁から草地まで生える。頭花は2〜7個つき直径約8cmと大きめ。南アルプスなどシカの食害が激しい場所では、シカが好まないため、本種ばかり食べ残され一面にふえて広がっている。

舌状花はなく直径 3〜4 mm

花期は特に遅く、他の種が終わった頃に咲く　9/9　北岳　オオイワインチン　戸隠山

黄 **イワインチン**

● *Chrysanthemum rupestre*
● キク科　キク属

亜高山〜高山帯の岩礫地や乾いた草地にややまれに生える。葉は羽状に深裂し、幅 1〜2.5 mm と細い。全体に香気がある。同属の**オオイワインチン**は本州中部の山地帯の岩場にまれに生え、頭花の直径 5〜6 mm で葉の幅も広め。

漢字名	岩茵陳
花期	8下旬〜9月
環境	岩礫地
分布	本州（東北地方南部〜北・南アルプス）
大きさ	10〜20 cm

総苞外片の長さは内片の1/2

葉は羽状に中〜深裂する

タンポポらしい果穂ができる

平地に分布するタンポポのようで高山性　8/18 白馬岳

● *Taraxacum alpicola*
● キク科　タンポポ属

漢字名	深山蒲公英
花　期	6〜8月
環　境	草地、岩礫地
分　布	戸隠・妙高山塊、北アルプス、白山
大きさ	10〜30cm

ミヤマタンポポ

黄

高山帯の草地や礫地に生える。白馬岳のシロウマタンポポは総苞外片に突起があるが区別しないことも多い。また同属のヤツガタケタンポポは八ヶ岳と南アルプスに分布し、総苞外片の長さは内片の1/2より短い。

岩場や岩角地に咲く 8/27 八ヶ岳

葉の基部は細くなり茎を抱かない

エゾタカネニガナ アポイ岳

黄

タカネニガナ

● *Ixeridium alpicola*
● キク科　ニガナ属

亜高山～高山帯の岩場に生える。頭花の直径は約2cmで葉は茎を抱かない。天気が悪い時は花を閉じている。よく似た**エゾタカネニガナ**は別属のフタマタタンポポ属となり北海道の蛇紋岩の礫地に生え、頭花の直径は約2cm。

漢字名	高嶺苦菜
花期	7～8月
環境	岩礫地
分布	本州（東北～近畿）、四国（石鎚山）
大きさ	5～10cm

シロバナハナニガナは割と多い

葉の基部は茎を抱く

ミヤマイワニガナ　白馬岳　　草地に生え背が高い　7/30 白馬岳

- *Ixeridium dentatum* subsp. *nipponicum* var. *albiflorum* f. *amplifolium*
- キク科　ニガナ属

ハナニガナ

黄

漢字名	花苦菜
花　期	6〜9月
環　境	草地
分　布	北海道、本州ほか
大きさ	15〜50cm

山地〜高山帯の草地に生える。頭花の直径は約2.5cmと大きめ。葉の基部が心形で茎を抱く。白花個体は割合よく見られる。亜高山〜高山帯の礫混じりの草地には**ミヤマイワニガナ**が生え、ほふく枝を伸ばして広がる。

145

頭花は直径 2.5〜3 cm

総苞に生える剛毛は黒い

総苞に黒い剛毛が生えている　9/4 白馬岳

葉にも毛が多く剛毛もある

黄

カンチコウゾリナ

● *Picris hieracioides* subsp. *kamtschatica*
● キク科　コウゾリナ属

亜高山帯〜高山帯の草地に生える。総苞は黒色を帯びて剛毛が列状に並んで生える。茎や葉の両面にも剛毛が多い。よく似たミヤマコウゾリナは総苞に白い毛が混じる違いがある。平地の荒れ地に生えるコウゾリナの仲間。

漢字名	寒地髪剃菜
花　期	7月下旬〜8月
環　境	草地
分　布	北海道, 本州(中部以北)
大きさ	25〜50 cm

総苞は黒のほか白い毛も生える

エゾコウゾリナ　アポイ岳 　　稜線近くの礫地で見ることが多い　8/13 白馬岳

- *Hieracium japonicum*
- キク科　ミヤマコウゾリナ属

ミヤマコウゾリナ

黄

漢字名	深山髪剃菜
花　期	7月下旬〜9月
環　境	岩礫地、草地
分　布	本州(中部以北)
大きさ	15〜40cm

亜高山〜高山帯で稜線の東側斜面など多雪の環境に生える。総苞には黒い剛毛の他に白い毛が混じる。茎にも白い毛が多い。頭花は直径1.5〜2cm。同科の**エゾコウゾリナ**はアポイ岳に特産し頭花は直径3〜4cm。

147

稜線付近の礫地に生え時に群生する　6/12 アポイ岳 　　花冠の基部には距がない 　　葉は多少とも羽状に切れ込む

タカネオミナエシ

黄

● *Patrinia sibirica*
● オミナエシ科　オミナエシ属

亜高山～高山帯で稜線付近の岩礫地や砂礫地に生えしばしば群生する。分布は北海道のみ。葉は切れ込むが分裂しない。花冠の基部にはふくらみも距（蜜腺）もない。別名チシマキンレイカ。秋の七草の1つオミナエシの仲間。

漢字名	高嶺女郎花
花　期	6～8月
環　境	岩礫地、砂礫地
分　布	北海道(礼文島、大雪山、アポイ岳、羊蹄山、大平山ほか)
大きさ	8～15cm
RDB	EN

距は少しふくらむ程度

キンレイカの花は大きめ

キンレイカの距は長く3mm程度　切り立った岩場で見ることが多い　8/1 蓮華温泉

- *Patrinia triloba* var. *triloba*
- オミナエシ科　オミナエシ属

ハクサンオミナエシ

黄

漢字名	白山女郎花
花　期	7〜8月
環　境	岩角地、岩場
分　布	本州（近畿地方以北の主に日本海側）
大きさ	10〜60cm

山地〜亜高山帯の岩場に生える。日本海側に分布し、礫地のほか、切り立った崖地の環境にもよく見られる。別名コキンレイカ。太平洋側には変種の**キンレイカ**が分布し、こちらは花が若干大きめで花冠には長くのびる距がある。

東北～北海道の山では群生する　7/29 大雪山　　ケヨノミ　夕張岳

ウコンウツギ

黄

● *Macrodiervilla middendorffiana*
● スイカズラ科　ウコンウツギ属

花冠の模様は次第に濃くなる

亜高山～高山帯の低木林内に生える。焼石岳以北に分布し、多雪となる環境に多い。花冠の斑紋は咲き始めは淡く、しだいに濃くなる。同科の**ケヨノミ**は本州中部以北の亜高山帯の草地や林縁に生える落葉低木で、高さ1mほどになる。

漢字名	鬱金空木
花　期	6～7月
環　境	低木林内・林縁
分　布	本州(東北北部)～北海道
大きさ	1～2m

花はごく小さく直径約 2 mm

花の色が白いカワラマツバ

葉は幅 1 〜 3 mm と細い

河原から高山まで幅広く生える　7/27 アポイ岳

- Galium verum subsp. asiaticum
- アカネ科　ヤエムグラ属

キバナノカワラマツバ

黄

漢字名	黄花の河原松葉
花　期	6 〜 9 月
環　境	岩礫地、草地
分　布	北海道、本州、四国、九州
大きさ	20 〜 120 cm

山地〜高山帯の草地や礫地に生える。生育環境は幅広く、高山では背が低め。名の由来は河原に生え6 〜 12 個輪生したマツのように細い葉から。花色は黄だが白に近いタイプもあり**カワラマツバ**と呼ばれることもある。

水場となる水流脇でよく咲いている 7/30 白馬岳　　葉柄がなく縦の脈が目立つ

花は長さ 2.5〜3 cm

黄 オオバミゾホオズキ

- *Mimulus sessilifolius*
- ゴマノハグサ科　ミゾホオズキ属

亜高山帯の流れ沿いや湿地に生える。花は黄色で花冠の長さ2.5〜3 cm。葉には縦の脈が目立ち、柄がなく十字に対生する。暑い夏山で本種が咲いていると決まって水場が近くにあることが多く、いわば「喉潤いの花」だ。

漢字名	大葉溝酸漿
花　期	7〜8月
環　境	林内、林縁、流水辺
分　布	北海道、本州(中部地方以北の日本海側)
大きさ	10〜30 cm

上唇の先端は茶色を帯びる

葉はシダ植物のよう

北地の高峰に点々と生き延びて咲く　7/29日　大雪山

- *Pediculasis oederi* subsp. *heteroglossa*
- ゴマノハグサ科　シオガマギク属

キバナシオガマ

黄

漢字名	黄花塩竈
花　期	7月
環　境	岩礫地
分　布	北海道（大雪山系）
大きさ	5〜15cm
R D B	EN

大雪山に特産し、稜線付近の礫地に生える。花は長さ2.5cmほどで10数個が総状に密集して咲く。葉は長さ1.5〜5cmで根生葉が目立つ。北極圏に広く分布する種だが、日本では分布、個体数とも限られた絶滅危惧種。

砂礫地に大群落を形成する　6/20 秋田駒ヶ岳

山域により微妙に変異がある

葉の表面には光沢がある

クモマスミレの葉　脈は紫色

黄 タカネスミレ

● *Viola crassa* subsp. *crassa*
● スミレ科　スミレ属

高山帯の砂礫地に生える。山域ごとに変種があるが違いはわずか。基本種のタカネスミレは岩手山と秋田駒ヶ岳に分布。北・中央アルプスでは**クモマスミレ**、八ヶ岳ではヤツガタケキスミレ、北海道ではエゾタカネスミレとなる。

漢字名	高嶺菫
花期	6～7月
環境	岩礫地
分布	北海道, 本州（中部以北）
大きさ	3～8cm
RDB	NT

唇弁は菱形でほっそりとした印象

葉は薄く光沢がない

ジョウエツキバナノコマノツメ 　　亜高山帯の森を中心に広く見られる　6/29 八ヶ岳

- Viola biflora
- スミレ科　スミレ属

漢字名	黄花の駒の爪
花　期	6〜7月
環　境	林縁、草地
分　布	北海道、本州（中部以北）、四国、屋久島
大きさ	3〜10cm

キバナノコマノツメ

黄

亜高山帯で針葉樹林の林縁を中心に、高山帯の岩礫地や草地まで生える。タカネスミレ類の分布がない南アルプス、早池峰山で高山帯に生える個体は葉に弱い光沢がある。至仏山には品種の**ジョウエツキバナノコマノツメ**が分布する。

花は丸く側弁の基部に毛がある

葉は3個で厚く光沢がある

蛇紋岩地など変わった地質の山に多い　8/1 朝日岳　　フギレオオバキスミレ　目訓内岳

ナエバキスミレ

黄

- *Viola brevistipulata* subsp. *brevistipulata* var. *kishidae*
- スミレ科　スミレ属

山地〜亜高山帯の岩礫地に生える。日本海側に分布するオオバキスミレの変種で蛇紋岩が露出した環境に多い。茎や葉の脈は赤みを帯びる。変種の**フギレオオバキスミレ**は北海道南西部の山地に生え、葉の縁が不規則に浅く切れ込む。

漢字名	苗場黄菫
花　期	6〜7月
環　境	岩礫地、草地
分　布	飯豊山、谷川連峰、苗場山、白山など
大きさ	8〜15cm

葉は厚く強い光沢がある

ジンヨウキスミレの葉 大雪山

ジンヨウキスミレ 全体 　側弁は閉じ気味が多い　5/25 アポイ岳

エゾキスミレ

● *Viola brevistipulata* subsp. *hidakana* var. *hidakana*
● スミレ科　スミレ属

黄

漢字名	蝦夷黄菫
花　期	5月
環　境	岩礫地
分　布	アポイ岳ほか
大きさ	8〜15cm

アポイ岳などかんらん岩が露出した岩隙や礫地に生える。オオバキスミレの亜種で茎や葉の裏は赤紫色を帯び無毛。同属の**ジンヨウキスミレ**は大雪山系の高山帯の草地に生え、葉には丸い鋸歯があり腎形。個体数が少ない絶滅危惧種。

生育環境、大きさはシナノオトギリも同じ　8/24 白馬岳 　葉面全体に黒点が散らばる 　シナノオトギリは明点がある

黄

イワオトギリ

● *Hypericum senanense* subsp. *mutiloides*
● オトギリソウ科　オトギリソウ属

亜高山～高山帯の開けた草地や礫地に生える。葉の表面には黒点がある。基本種は**シナノオトギリ**で葉の表面に明点、縁に黒点がある。北海道にはよく似て花がやや大きいハイオトギリ、アポイ岳にはサマニオトギリが分布。

漢字名	信濃弟切
花　期	7～8月
環　境	草地、岩礫地
分　布	本州（中部～東北地方の日本海側）
大きさ	8～20 cm

花弁が細めの個体

小葉は3枚で鋸歯は浅め

アポイキンバイの鋸歯は深い

分布、生育環境、個体数ともメジャーな種　7/2 早池峰山

- *Potentilla matsumurae*
- バラ科　キジムシロ属

漢字名	深山金梅
花　期	6〜8月
環　境	岩礫地、草地
分　布	北海道,本州(中部以北)
大きさ	7〜15cm

ミヤマキンバイ

黄

高山帯で稜線付近の岩礫地から、草地、雪田周辺など幅広い環境に生えしばしば群生する。花は直径1.5〜2cm、花弁の先がへこむ。葉は両面とも緑色。アポイ岳には変種で葉の表面に光沢があり鋸歯が深い**アポイキンバイ**が分布する。

花色は淡く、淡泊なイメージ 7/29 大雪山

ユウバリキンバイ 夕張岳

ユウバリキンバイの葉

黄 メアカンキンバイ

● *Potentilla miyabei*
● バラ科 キジムシロ属

高山帯の岩礫地に生える。葉は光沢がなく薄め。花は直径1.5～2cm、花弁は先が分かれず、色も赤みが少ない。夕張岳にはミヤマキンバイの変種の**ユウバリキンバイ**が生え、小葉は4～15mmと小さく鋸歯の深さはやや深め。

漢字名	雌阿寒金梅
花 期	7～8月
環 境	岩礫地
分 布	北海道
大きさ	3～10cm
RDB	VU

花は小さめで約1.5cm

葉の表面は緑だが縁が白い

葉の裏には白色の綿毛が密生　茎が伸びて弱々しいイメージ　8/6 白馬岳

- *Potentilla nivea*
- バラ科　キジムシロ属

ウラジロキンバイ

黄

漢字名	裏白金梅
花期/環境	7〜8月／岩礫地
分布	北海道(礼文島、夕張岳、大平山など)本州(北・南アルプス、八ヶ岳など)
大きさ	10〜20cm
RDB	VU

高山帯の岩角地や岩礫地に生える。分布は狭く北岳、白馬岳など花の名山でも一部に局所的。和名の通り葉の裏や茎に白い毛が密生する。ミヤマキンバイに似た印象だが、全体的にヒョロヒョロと長く花も小さめ。周北極要素の植物。

岩場に太い根と幹をはわせる低木　7/27 アポイ岳

雄しべが目立つ花

ハクロバイは白花品種

葉は羽状複葉の5枚

黄

キンロバイ

● *Dasiphora fruticosa*
● バラ科 キンロバイ属

亜高山〜高山帯の岩礫地に生える。分布は蛇紋岩地や石灰岩地などに限られ、特殊な地質に由来する花の名山にまとまった個体数がある。強靭な根と幹をもつ落葉矮性木。まれに白花品種があり**ハクロバイ**（ギンロバイ）と呼ばれる。

漢字名	金露梅
花期/環境	7〜8月／岩礫地
分布	北海道(崋山、アポイ岳)、本州(早池峰山、谷川岳、至仏山、北・南アルプス、八ヶ岳ほか)
大きさ/RDB	15〜80 cm／VU

花は直径 8 mm

葉は小葉が 3 枚で 6〜20 mm 　控えめで目立たない　8/7 白馬岳

タテヤマキンバイ

● *Sibbaldia cuneata*
● バラ科　タテヤマキンバイ属

黄

漢字名	立山金梅
花　期	7〜8月
環　境	岩礫地
分　布	北海道(大雪山)、本州(北アルプス北部、木曽駒ヶ岳、南アルプス)
大きさ	1〜4 cm

高山帯の岩礫地に生える。稜線付近で雪が溜まりやすい地形の岩陰の環境に多い。花の直径は 8 mm 前後で、花弁は萼片より小さく短いため目立たない。周北極要素の植物で、国内では高山らしい高山帯に局所的に分布する。

岩場など最も厳しい環境に生える　8/19白馬岳

花は直径2cm前後

葉は円形で鋸歯がある

秋には真っ赤に紅葉する

黄

ミヤマダイコンソウ

● *Geum calthifolium* subsp. *nipponicum*
● バラ科　ダイコンソウ属

高山帯の岩礫地に生える。垂直の岩場のわずかな割れ目、岩石が転がる崩壊地など、最も高山植物らしい厳しい環境に生える。根生葉の頂小葉は円形で2～12cm、縁には粗い鋸歯がある。側小葉は0～4対で目立たない。

漢字名	深山大根草
花　期	7～8月
環　境	岩礫地
分　布	北海道、本州（中部以北）ほか
大きさ	10～30cm

イワベンケイの雄花のアップ

ホソバイワベンケイの雌株　岩場にまとまって生えていた大株　7/14 北岳

- *Rhodiola rosea*
- ベンケイソウ科　イワベンケイ属

イワベンケイ

黄

漢字名	岩弁慶
花　期	6月中旬～7月中旬
環　境	岩礫地
分　布	北海道,本州(中部以北)
大きさ	5～30cm

高山帯で稜線付近の岩礫地に生える。葉は肉厚で根は太い。雌雄異株で花は雄株の方が派手で美しい印象。雌株の果序は熟すと赤くなる。同属の**ホソバイワベンケイ**は関東北部～北海道の高山帯の岩礫地に生え、葉が細く、縁に鋸歯が目立つ。

165

礫地に星のような花を咲かせる　8/12 八ヶ岳

花は直径約1cm

葉は多肉質で長さ3〜5mm

ミヤママンネングサ

黄

● *Sedum japonicum* subsp. *japonicum* var. *senanense*
● ベンケイソウ科　マンネングサ属

亜高山〜高山帯の砂礫地や、岩角地に生える。花の大きさ約1cmで、葉に対し花が大きい高山植物らしい印象。名の由来は乾燥しても強く枯れずに万年生きられるとの意味で、名前通り厳しい環境に生える。

漢字名	深山万年草
花　期	7〜9月
環　境	岩礫地
分　布	本州(東北〜中部ほか)
大きさ	2〜5cm

花弁は長さ4〜5mm

葉は披針形

梅雨時の早池峰山の岩場に彩りを添える 7/2 早池峰山

ナンブイヌナズナ

● *Draba japonica*
● アブラナ科 イヌナズナ属

漢字名	南部犬薺
花 期	6〜7月
環 境	岩礫地
分 布	北海道(夕張岳、戸蔦別岳)、本州(早池峰山)
大きさ	2〜6cm
RDB	EN

黄

高山帯の岩礫地に生える。分布は蛇紋岩地のみに限られる絶対的蛇紋岩植物。早池峰山では割と多く見られ、花は小さいものの、登山道沿いで黄色の群生が岩場に映えて見事。花期はハヤチネウスユキソウより早めの6月下旬が見頃。

花弁は4枚で長さ5～7mm

葉は羽状に裂け頭頂葉が大きい

葉の基部は茎を抱く

帰化植物風だが在来種　8/2 白馬岳

ヤマガラシ

黄

● *Barbarea orthoceras*
● アブラナ科　ヤマガラシ属

亜高山帯～高山帯の湿った沢筋の礫地や、沢沿いの草地に生える。帰化植物風だが、れっきとした在来種。茎葉の基部は茎を抱く。似た帰化植物に、道路脇や農地に生えるハルザキヤマガラシがあるが、花柱の長さ2.5mmと長い。

漢字名	山芥子
花　期	6～7月
環　境	岩礫地、沢沿い
分　布	北海道、本州(中部以北)
大きさ	20～60cm

雌しべの先は柱頭が放射状になる

葉は羽状に細裂し剛毛が目立つ　利尻山の固有種で個体数は多くない　6/29 利尻山

- *Papaver fauriei*
- ケシ科　ケシ属

漢字名	利尻雛芥子
花　期	6月下旬～7月
環　境	砂礫地
分　布	利尻山
大きさ	10～20 cm
R D B	EN

リシリヒナゲシ

黄

利尻山に特産し山頂付近の砂礫地や崩壊地に生える。利尻島内外では民家周辺で植栽された株を見ることも多いが、自生地では決して多くない。茎や葉には剛毛が密生し、つぼみは垂れ下がり、花後果実は上を向くが脱落しやすい。

草地に生えるのが本来の姿　8/19 白馬岳

金属光沢があり直径約2cm

そう果の花柱はかぎ形に曲がる

葉は上部ほど細い

ミヤマキンポウゲ

黄

● *Ranunculus acris* subsp. *nipponicus*
● キンポウゲ科　キンポウゲ属

亜高山〜高山帯の草地に生える。冬は雪崩斜面となる広葉草原に多く群生してお花畑を形成する。茎の毛は寝る。同じ環境に生え混生もするシナノキンバイとの違いは、葉や花が小さく、花弁状の萼片に金属光沢があること。

漢字名	深山金鳳花
花　期	7〜9月
環　境	広葉草原
分　布	北海道,本州(中部以北)
大きさ	10〜50cm

クモマキンポウゲ　白馬岳

タカネキンポウゲ　白馬岳　　山頂付近に生えびっくりするほど小さい　8/10 北岳

● *Ranunculus kitadakeanus*
● キンポウゲ科　キンポウゲ属

キタダケキンポウゲ

黄

漢字名	北岳金鳳花
花　期	7月下旬〜8月上旬
環　境	岩礫地
分　布	南アルプス（北岳、間ノ岳）
大きさ	4〜8 cm
RDB	EN

高山帯で稜線付近の岩礫地や風衝草地に生える。花弁の長さは約6mm。小型のキンポウゲの仲間は北極圏に多い。他に国内では**クモマキンポウゲ**と**タカネキンポウゲ**が白馬岳に分布するが、いずれも個体数は少ない絶滅危惧種。

萼片から下がる花糸の先に葯

花弁がなく地味だが群生すると目につく　8/7 白馬岳　葉は3〜4回3出複葉

オオカラマツ

- *Thalictrum minus* var. *kemense*
- キンポウゲ科　カラマツソウ属

亜高山〜高山帯の草地に生える。冬は雪崩斜面となる広葉草原に多い。花は花弁がなく萼片から花糸が垂れ下がり、先端が雄しべの葯となる。葉はカラマツソウに似る。別名コカラマツで葉や花は小さいものの、高さは1mを超える。

漢字名	大唐松
花　期	7〜8月
環　境	広葉草原
分　布	北海道、本州（中部以北ほか）
大きさ	30〜120cm

黄

表面の脈は大きくへこむ

ヒメカラマツのアップ

ヒメカラマツの葉は脈が少しへこむ　岩場の周りの草地に生える　6/12 アポイ岳

● *Thalictrum foetidum* var. *apoiense*
● キンポウゲ科　カラマツソウ属

アポイカラマツ

黄

漢字名	アポイ唐松
花　期	6〜7月
環　境	岩礫地、風衝草地
分　布	北海道（アポイ岳、大平山）
大きさ	5〜40 cm
RDB	VU

アポイ岳と大平山の岩角地に特産する。萼片と花糸は紫褐色。小葉は長さ約2〜10 mm。よく似た同属の**ヒメカラマツ**は本州中部の高山帯の岩角地に局所的に分布し、高さ8〜20 cmと小さく目立たない。小葉は3〜8 mm。

花弁状の萼片には光沢がない

葉は3〜13cmで複雑に切れ込む

ミヤマキンポウゲより花が大きい　7/12 北岳

ボタンキンバイ　利尻山

黄 シナノキンバイ

● *Trollius japonicus*
● キンポウゲ科　キンバイソウ属

高山帯の草地に生える。似た環境に生えるミヤマキンポウゲと比べて花が4〜5cmと大きく、葉も大きめ。利尻山にはよく似て八重咲きになり花柱が赤い**ボタンキンバイ**が生える。大雪山のものはチシマノキンバイソウとなる。

漢字名	信濃金梅
花期	7〜8月
環境	広葉草原
分布	北海道,本州(中部以北)
大きさ	15〜80cm

葉の鋸歯は円形に近い

エゾノリュウキンカの葉 　　流水辺や湿地に群生する　6/1 尾瀬

- *Caltha palustris* var. *nipponica*
- キンポウゲ科　リュウキンカ属

リュウキンカ

黄

漢字名	立金花
花　期	5〜7月
環　境	流水辺、湿原
分　布	本州、九州
大きさ	15〜50 cm

山地〜亜高山帯の流水辺や湿原に生える。花の大きさは2〜2.5 cmで葉には円鋸歯がある。北海道と本州東北北部には亜種の**エゾノリュウキンカ**が分布し、花が2.5〜3.5 cmと大きめで葉の鋸歯は三角形に近い。

湿原の水面から花が顔を出す　6/28 サロベツ原野 　　ネムロコウホネ　サロベツ原野

ヒツジグサはスイレン属　尾瀬

黄

オゼコウホネ

● Nuphar pumila var. ozeensis
● スイレン科　コウホネ属

亜高山帯の池沼に生える水生植物。水面に浮かぶ浮水葉は矢尻形で6〜10cm。花は直径2.5cm、中心の柱頭盤は赤い。基本種の**ネムロコウホネ**は柱頭盤は黄色。また別属の**ヒツジグサ**は同じ環境に生え、時に混生し、花は直径約5cm。

漢字名	尾瀬河骨
花期	7〜8月
環境	湿原
分布	北海道、本州（尾瀬、月山）
大きさ	1〜5cm
RDB	VU

花は直径1.5cm。花糸の毛が目立つ

葉は平たくてかたく幅1cm　　湿った草地に生える　7/29 八方尾根

- *Narthecium asiaticum*
- ユリ科　キンコウカ属

キンコウカ

黄

漢字名	金黄花
花　期	7～8月
環　境	草地、湿原
分　布	北海道、本州（中部～東北の日本海側ほか）
大きさ	15～60cm

山地～高山帯の湿地や湿った草地、時に湿った岩場の草地にも生える。日本海側の多雪地に多い傾向があり、尾瀬の湿原など時に一面見事な群生も見られる。花は下から上へと咲き上がる。花被片は6個で星形の花が可愛らしい。

茎に8個程までつき順番に咲く

1つの花は2〜3日間しか咲かない　7/26 尾瀬ヶ原　葉は50〜100cmで根生する

ニッコウキスゲ

● *Hemerocallis dumortieri* var. *esculenta*
● ユリ科　キスゲ属

山地〜亜高山帯の草地や湿原に生える。高原のイメージが強いが、2000 mを超える亜高山帯まで、湿った環境なら草地から岩場まで生える。別名ゼンテイカ。北海道に分布するものをエゾカンゾウと呼ぶこともある。

黄

漢字名	日光黄菅
花　期	7〜8月
環　境	草地、湿原
分　布	北海道、本州
大きさ	60〜80 cm

花弁の基部が白い個体

品種シロバナミヤマアズマギク

ジョウシュウアズマギク 至仏山 　花色は白、赤～赤紫、青紫がある　7/26 白馬岳

● *Erigeron thunbergii* subsp. *glabratus*
● キク科　ムカシヨモギ属

ミヤマアズマギク

赤～赤紫

漢字名	深山東菊
花　期	7～8月
環　境	岩礫地、風衝草地
分　布	北海道、本州（早池峰山、八幡平、白馬山系ほか）
大きさ	10～30 cm

高山帯の岩礫地や風衝草地に生える。分布は局所的で花の名山に多い。頭花の直径は 2.5～3 cm。谷川岳と至仏山の高山帯の岩礫地には変種の**ジョウシュウアズマギク**が、夕張岳には品種のユウバリアズマギクが分布する。

北アルプスの広葉草原に多い 8/24 白馬岳

ユキアザミ 上高地

ユキアザミの葉裏は白い

赤〜赤紫

タテヤマアザミ

● *Cirsium otayae*
● キク科　アザミ属

北アルプス北部に分布し、山地〜高山帯の林縁や草地に生える。頭花は横向き〜やや下向き。総苞は上向きか少し反り返る。**ユキアザミ**は北アルプスの山地〜亜高山帯の草地や林縁に生え、葉の裏は綿毛が密生し白い。

漢字名	立山薊
花　期	8月
環　境	草地
分　布	焼山、北アルプス北部
大きさ	60〜150 cm

センジョウアザミ

センジョウアザミの頭花 　　刺は特に鋭い　8/27 八ヶ岳

- *Cirsium yatsualpicola*
- キク科　アザミ属

ヤツタカネアザミ

赤〜赤紫

漢字名	八高嶺薊
花　期	8〜9月
環　境	草地, 林縁
分　布	本州(八ヶ岳連峰)
大きさ	70〜150 cm

八ヶ岳の亜高山〜高山帯の草地や林縁に生える。葉の縁の刺が鋭く長い。頭花は横〜下向きで総苞片は粘らず先端は長い刺になる。**センジョウアザミ**は南アルプスに分布し、葉の基部は普通茎を抱き、花はやや下向き。

背が低く花は下向きで大きめ 8/24 白馬大池

オニアザミは100cm、総苞は粘る

ジョウシュウオニアザミ

赤～赤紫

ダイニチアザミ

● *Cirsium babanum*
● キク科　アザミ属

白馬山系の亜高山～高山帯の草地に生える。総苞は直径3～4cmで、外片は強く反り返り粘らない。オニアザミは中部～東北の草地に生え、総苞はよく粘る。このうち谷川山系と尾瀬に分布するのは**ジョウシュウオニアザミ**となる。

漢字名	大日薊
花　期	8～9月
環　境	草地
分　布	本州（頸城山地、白馬山系）
大きさ	30～70cm

アポイアザミ　アポイ岳

ガンジュアザミの頭花は上向き　平地から高山型まで変異が大きい　6/27 札幌市

● *Cirsium kamtschaticum*
● キク科　アザミ属

チシマアザミ

赤～赤紫

漢字名	千島薊
花　期	7～9月
環　境	草地
分　布	北海道
大きさ	25～100 cm

山地～亜高山帯の草地に生える。頭花は下向きで粘らない。葉の切れ込みは変異が大きい。高山に生育するものをミヤマサワアザミと分けることもある。アポイ岳には同属の**アポイアザミ**が、早池峰山には**ガンジュアザミ**が分布。

頭花は下向きで総苞は濃紫色で粘る　8/8 鳥海山

ウゴアザミ　鳥海山

フジアザミの頭花は8cmと巨大

赤〜赤紫

チョウカイアザミ

● *Cirsium chokaiense*
● キク科　アザミ属

鳥海山に特産し高山帯の草地に生える。ウゴアザミは東北地方の亜高山〜高山帯の草地に生え頭花は上向き。葉の基部は茎の翼（よく）になる。**フジアザミ**は富士山や南アルプス周辺の山地〜亜高山帯の礫地や草地に生え豪壮な印象。

漢字名	鳥海薊
花　期	8月
環　境	草地
分　布	鳥海山
大きさ	50〜150cm
R D B	NT

花柱の先端は割れて8の字

ユキバヒゴタイ　夕張岳　　アザミ風だが刺がない　8/20 仙丈岳

- Saussurea triptera var. minor
- キク科　トウヒレン属

タカネヒゴタイ

赤〜赤紫

漢字名	高嶺平江帯
花　期	7月下旬〜9月
環　境	岩礫地、風衝草地
分　布	富士山、八ヶ岳、南アルプス
大きさ	3〜20cm

高山帯で稜線付近の礫地や風衝草地に生える。頭花は1〜2個。背が高くなり頭花が2〜7個はミヤマヒゴタイとして区分する。同属の**ユキバヒゴタイ**は夕張岳の高山帯の蛇紋岩地に生え、高さ10cm以下で葉の裏は白い。

総苞は黒い

ウスユキトウヒレン 大雪山

ウスユキトウヒレンの葉のクモ毛

葉柄から続く翼が茎にあるのが特徴 9/11 白馬岳

赤〜赤紫

クロトウヒレン

● *Saussurea nikoensis* var. *sessiliflora*
● キク科 トウヒレン属

亜高山〜高山帯の草地や礫混じりの草地に生える。北アルプスのトウヒレン属は本種が多い。同属の**ウスユキトウヒレン**は北海道の高山帯の砂礫地に生え、高さ5〜25cm。葉が白いのはユキバトウヒレンという。

漢字名	黒唐飛簾
花 期	7月下旬〜9月
環 境	広葉草原、草地
分 布	本州(東北南部〜中部の日本海側)
大きさ	30〜50cm

総苞の外片の先はのびる

ナガハキタアザミ　早池峰山

ナガハキタアザミの頭花 　　アザミと名がつくトウヒレンの仲間　8/8 鳥海山

- Saussurea riederi subsp. yezoensis var. japonica
- キク科　トウヒレン属

オクキタアザミ

赤～赤紫

漢字名	奥北薊
花　期	8～9月上旬
環　境	草地
分　布	本州(焼石岳、鳥海山、秋田県朝日岳)
大きさ	20～60 cm

亜高山～高山帯の草地に生える。総苞外片の先は尾状にのび、内片とほぼ同じ長さ。基本種の**ナガハキタアザミ**は北海道と本州の早池峰山の草地に分布し高さ10～40 cm、総苞の外片はのびるが、内片の3/4以下。

北半球の亜寒帯に広く分布する 7/30 白馬岳

花冠の内側には毛が生える

葉は長さ5～11mmで鋸歯がある

リンネソウ

- *Linnaea borealis*
- スイカズラ科　リンネソウ属

亜高山帯～高山帯の針葉樹林やハイマツ林縁にまれに生える。茎は地をはって広がり、時に群生して見事。名の由来はスウェーデンの植物分類学者リンネから。2つの花が仲良く並んだ姿から別名メオトバナとも呼ばれる。

漢字名	リンネ草
花　期	7～8月
環　境	針葉樹林内、ハイマツ林縁
分　布	北海道、本州(中部以北)
大きさ	4～6cm

赤～赤紫

花冠は8〜9mmで2唇形

果実はひょうたん型にならない　オオヒョウタンボクより小さめで花も赤い　7/19 北岳

● *Lonicera chamissoi*
● スイカズラ科　スイカズラ属

チシマヒョウタンボク

漢字名	千島瓢箪木
花　期	6〜8月
環　境	低木林内、林縁
分　布	北海道、本州(中部以北)
大きさ	50〜100cm
RDB	VU

亜高山〜高山帯に生える落葉低木。花色が白で本州中部の亜高山帯に広く分布するオオヒョウタンボクに似るが、分布、個体数とも限られている。北海道では本種のみが分布。果実は2個の子房が合着して1個の果実となる。

赤〜赤紫

花冠の長さ 1.5〜1.8 cm

内側にある米粒のような模様

林道沿いの斜面に生えていた 9/15 上高地

タカネママコナ 八ヶ岳

赤〜赤紫

ミヤマママコナ

● *Melampyrum laxum* var. *nikkoense*
● ゴマノハグサ科 ママコナ属

亜高山帯の林縁や草地に生える。山野に生えよく似る同属のママコナとの違いは花の下につく苞葉に鋸歯がないこと。本州中部の八ヶ岳周辺の山地〜亜高山帯の林縁には、よく似て花が黄色の**タカネマママコナ**が分布する。

漢字名	深山飯子菜
花期	7〜8月
環境	林内、林縁
分布	本州、四国、九州
大きさ	10〜20 cm

変種のキタヨツバシオガマの花

変種のクチバシシオガマの花

葉は3〜5枚が輪生する 　山域により変異がある　8/11 北岳

- *Pedicularis chamissonis* var. *japonica*
- ゴマノハグサ科　シオガマギク属

ヨツバシオガマ

赤〜赤紫

漢字名	四葉塩竈
花　期	7〜8月
環　境	岩礫地、草地、雪田
分　布	北海道,本州(中部以北)
大きさ	10〜50cm

亜高山〜高山帯の風衝草地や礫地に生える。北海道、東北のものは花序が長い**キタヨツバシオガマ**、北アルプス南部以南では花冠の上唇がくびれる**クチバシシオガマ**、礼文島では1mと大型のレブンシオガマの変種がある。

稜線付近の岩礫地に生え花期が早い　7/3 月山

花冠の上唇は上向きに湾曲

葉は羽状複葉で小葉も羽状に深裂

赤〜赤紫

ミヤマシオガマ

● *Pedicularis apodochila*
● ゴマノハグサ科　シオガマギク属

高山帯の砂礫地や風衝草地に生える半寄生植物の多年草。花冠の上唇は湾曲しつり上がってつき、葉はより深く切れ込む。よく似たタカネシオガマも稜線付近に生えるが、本種の方が1ヵ月ほど花期は早めで梅雨時が見頃。

漢字名	深山塩竈
花　期	6〜7月
環　境	岩礫地
分　布	北海道(大雪山、日高山地)、本州(東北〜中部)
大きさ	5〜15cm

花冠の上唇は水平に近い

真上から見ると車輪状に見える

葉は羽状に深裂し3〜4個輪生 　　花期はミヤマシオガマより1ヵ月ほど遅め　8/3白馬岳

タカネシオガマ

- *Pedicularis verticillata*
- ゴマノハグサ科　シオガマギク属

赤〜赤紫

漢字名	高嶺塩竈
花　期	7月下旬〜8月
環　境	岩礫地
分　布	北海道(大雪山)、本州(至仏山、北、南アルプス、八ヶ岳、白山)
大きさ	5〜20cm

高山帯の砂礫地や岩角地に生える。姿形や花色がよく似たミヤマシオガマと同様、稜線付近に生えるが、花期は1ヵ月ほど遅い。1稔性で一度開花して結実すると枯死する。葉はミヤマシオガマほど細かく切れ込まないのも識別のポイント。

亜高山の草地に生え変異が大きい 7/30 夕張岳

花は巴型にねじれる

上唇はくちばし状で横向き

葉の縁は浅く切れ込む

赤～赤紫

トモエシオガマ

● *Pedicularis resupinata* var. *caespitosa*
● ゴマノハグサ科　シオガマギク属

亜高山～高山帯の草地に生える。分布は富士山の他はアルプスよりも標高 2000 m 級の中級山岳に多い。花序は先端に集中してつく傾向がある。基本種のシオガマギクは山野や高原に生え、花が茎の上部に散らばってつく。

漢字名	巴塩竈
花　期	8～9月
環　境	草地
分　布	北海道,本州(中部以北)
大きさ	20～50 cm

花冠の長さは5～8mmと小さい

葉は5～10mmで芳香がある 　山地帯～高山帯まで垂直分布が広い　7/27 アポイ岳

- *Thymus quinquecostatus*
- シソ科　イブキジャコウソウ属

イブキジャコウソウ

赤～赤紫

漢字名	伊吹麝香草
花　期	7～8月
環　境	岩礫地
分　布	北海道、本州、九州
大きさ	2～5cm

山地～高山帯の礫地や崩壊地、岩場などに生えしばしば群生する落葉矮性低木。垂直分布が広い。茎は地表をはってのびる。花は小さいが、花付きが良く密集して咲くので目立つ。近づくと全体にハッカやミントに似た香りがする。

195

雪田草原に雪解け後最初に咲く　7/31 朝日岳　　　　葉の縁は内巻きで鋸歯は9〜25個

エゾコザクラ　大雪山

赤〜赤紫

ハクサンコザクラ

● *Primula cuneifolia* var. *hakusanensis*
● サクラソウ科　サクラソウ属

亜高山〜高山帯の雪田草原に生える。花冠は直径約2cm、葉は1.5〜5cmで縁は内側に巻く。変種の**エゾコザクラ**は北海道に分布し、葉は小さめで鋸歯は3〜13個。変種のミチノクコザクラは岩木山に生え葉は大きめ。

漢字名	白山小桜
花　期	6〜8月
環　境	雪田草原
分　布	本州（飯豊山、谷川山系、尾瀬、北アルプス北部、頸城山地、白山）
大きさ	5〜15cm

花弁は直径 1.5 cm と小さめ

葉の縁は外側に巻くのが特徴

ユウパリコザクラ　夕張岳　　ハクサンコザクラよりも低い標高に多い　8/1 朝日岳

ユキワリソウ

● *Primula farinosa* subsp. *modesta* var. *modesta*
● サクラソウ科　サクラソウ属

赤〜赤紫

漢字名	雪割草
花　期	5〜7月
環　境	岩礫地
分　布	北海道、本州、四国、九州
大きさ	10〜15 cm

山地〜亜高山帯の湿った岩場や礫地、岩場周辺の草地に生える。葉の裏には腺毛が密生して黄色となる。同属の**ユウパリコザクラ**（ユウパリコザクラ）は夕張岳の蛇紋岩地に特産し全体小型で、花茎、萼、花筒は白粉をかぶる。

花つきが良く豪華な印象　6/2 礼文島

サマニユキワリ　アポイ岳

サマニユキワリの葉

赤〜赤紫

レブンコザクラ

● *Primula farinosa* subsp. *modesta* var. *matsumurae*
● サクラソウ科　サクラソウ属

ユキワリソウの変種で、礼文島、夕張山地、知床半島の岩場周辺の草地に生える。全体的に大型で、花つきが良く花序も球形に近くて豪華な印象。アポイ岳には同じく変種の**サマニユキワリ**が生え、葉の粉状物が少なく葉柄がある。

漢字名	礼文小桜
花　期	6〜7月
環　境	草地
分　布	北海道（礼文島、知床半島、崕山ほか）
大きさ	5〜15cm
RDB	VU

花色が濃いタイプ。直径は約2cm

ヒダカイワザクラ　アポイ岳 　　垂直の岩場でザイルにぶら下がり撮影　5/8 八ヶ岳山麓

- *Primula reinii* var. *kitadakensis*
- サクラソウ科　サクラソウ属

クモイコザクラ

赤〜赤紫

漢字名	雲居小桜
花　期	6月
環　境	岩壁、岩場
分　布	南アルプス、八ヶ岳、秩父山地、富士山
大きさ	4〜8cm
RDB	VU

亜高山帯の湿った岩壁や岩場に生える。葉は浅く5〜9裂する。分布、個体数とも限られ、盗掘の対象となりやすい絶滅危惧種。同属の**ヒダカイワザクラ**はアポイ岳の岩場や岩場周辺の草地に生え、花の直径は約2.5cm。

梅雨時の白馬大雪渓で咲いていた　7/11 白馬岳

エゾオオサクラソウ　アポイ岳

エゾオオサクラソウの茎の毛

オオサクラソウ

● *Primula jesoana* var. *jesoana*
● サクラソウ科　サクラソウ属

亜高山帯の沢沿いや草地に生える。花は直径2cm前後で3〜9個つく。葉は円心形で、直径4〜11cm、浅く7〜9裂する。変種の**エゾオオサクラソウ**は北海道の道央以東の林内、谷筋に分布し、葉の切れ込みは浅めで、茎に縮れた毛が多い。

赤〜赤紫

漢字名	大桜草
花　期	5〜7月
環　境	草地、林縁、谷筋
分　布	北海道(西南部)、本州(東北〜中部)
大きさ	15〜40cm

花冠は直径1.5cmの漏斗状で5裂

葉は掌状につき9〜13裂 　「モドキ」とは裏腹に可愛らしい花だ　5/29 礼文島

サクラソウモドキ

● *Cortusa matthioli* subsp. *pekinensis* var. *sachalinensis*
● サクラソウ科　サクラソウモドキ属

赤〜赤紫

漢字名	桜草擬
花　期	6月
環　境	草地、渓流沿い
分　布	北海道
大きさ	15〜30cm
RDB	EN

山地の草地や林縁、崖下、渓流沿いなどにまれに生える。分布は北海道のみで、礼文島、利尻島、峰山、大平山など局所的で個体数も限られる。葉は根元に集まり腎円形で9〜13中裂する。長い柄には開出毛が密生し、2〜7cm。

大雪山では圧倒的な大群落で見事　7/26 大雪山

典型的な花は面長で赤い

コエゾツガザクラ　大雪山

ユウパリツガザクラ　大雪山

赤〜赤紫

エゾノツガザクラ

● *Phyllodoce caerulea*
● ツツジ科　ツガザクラ属

高山帯の雪田草原に生える常緑矮性低木。花冠は7〜10mm。同属のアオノツガザクラと似た環境に生えるので、両者が混生する山域では**コエゾツガザクラ**や**ユウパリツガザクラ**など中間型の雑種がしばしば見られる。

漢字名	蝦夷の栂桜
花期	7〜8月
環境	雪田草原
分布	北海道、本州(岩木山、早池峰山、鳥海山、月山)
大きさ	5〜20cm

花冠はピンク色のつぼ型

葉の裏面は白い

高層湿原に生え学名がロマンチック　6/29 尾瀬

● *Andromeda polifolia*
● ツツジ科　ヒメシャクナゲ属

ヒメシャクナゲ

赤〜赤紫

漢字名	姫石楠花
花　期	6〜7月
環　境	湿原
分　布	北海道、本州（中部以北）
大きさ	5〜25cm

亜高山帯〜高山帯の高層湿原に生える常緑矮性低木。くるりと巻いた葉の縁がシャクナゲのようだが長さ1.5〜3.5cmとずっと小さい。本種も含め高層湿原の植物は周北極要素が多い。アンドロメダというロマン溢れる学名がある。

稜線の礫地に映える大輪のツツジ 7/29 大雪山

花柄と萼には腺毛があり粘る

葉は裏面と縁に剛毛がある

赤〜赤紫

エゾツツジ

● *Therorhodion camtschaticum*
● ツツジ科　エゾツツジ属

亜高山帯、高山帯で稜線付近の岩礫地や風衝草地に生える落葉矮性低木。葉は長さ3cm前後で縁と裏面には腺毛と剛毛がある。特に稜線付近では背丈の割に花が大きく目立ち、北地の高山で見応えがある種の1つ。

漢字名	蝦夷躑躅
花　期	7〜8月
環　境	岩礫地
分　布	北海道、本州(八幡平、岩手山、秋田駒ヶ岳、早池峰山)
大きさ	5〜30cm

花冠は4裂して強く反り返る

葉はコケモモに似るがより細め

1cm程度の赤い果実が熟す

スポンジ状のミズゴケ湿原に生えていた　6/28 駒止湿原

- *Vaccinium oxycocco*
- ツツジ科　ツルコケモモ属

漢字名	蔓苔桃
花　期	6〜7月
環　境	湿原
分　布	北海道,本州(中部以北)
大きさ	3〜5cm

ツルコケモモ

赤〜赤紫

亜高山〜高山帯の高層湿原に生える常緑矮性低木。ミズゴケの上に茎を伸ばして広がる。花は下向きに咲き、花弁は反り返って長さ7〜9mm、秋には直径1cmほどの赤い果実が実る。高層湿原の環境を示す指標種になる。

ひしゃげたリンゴのような形　6/20 夕張岳

ウラジロヨウラク　駒止湿原

葉の縁や花柄には毛が多い

赤〜赤紫

コヨウラクツツジ

● *Menziesia pentandra*
● ツツジ科　ヨウラクツツジ属

山地〜亜高山帯の林内や林縁に生える落葉低木で、特に亜高山針葉樹林帯に多い。花は5〜7mmで独特のゆがんだつぼ型。同属の**ウラジロヨウラク**は主に日本海側の山地〜亜高山帯下部の低木林縁に生え花は長さ1〜1.5cmと大きめ。

漢字名	小瓔珞躑躅
花　期	6〜7月
環　境	林内、林縁
分　布	北海道、本州、四国、九州
大きさ	0.5〜3m

花には通常うっすらと赤みが入る

果実は直径7mm前後

この個体は赤みが強め。7/26 富良野岳

- *Vaccinium vitis-idaea*
- ツツジ科　スノキ属

コケモモ

赤〜赤紫

漢字名	苔桃
花期	7〜8月
環境	林内、林縁
分布	北海道、本州、四国、九州
大きさ	5〜20cm

亜高山帯〜高山帯にかけての針葉樹やハイマツの林内、林縁に生える常緑低木。葉はコメバツガザクラに似るが、より大きめで、互生する。花は2〜6個が下向きに咲き、花の色には濃淡があり、白に近い個体もある。

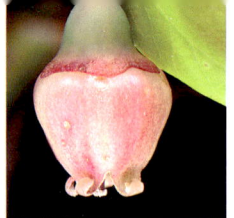

花期は早めで盛夏過ぎには果実となる低木　6/30 北岳

細長めの花　八ヶ岳

かなり白いタイプの花　栂池

果実は直径 8 ～ 10 mm

赤～赤紫

クロウスゴ

● *Vaccinium ovalifolium*
● ツツジ科　スノキ属

亜高山帯～高山帯にかけての林内、林縁に生える落葉低木。花は梅雨時に咲き、つぼ型で 5 ～ 8 mm 程度、赤みを帯び濃淡がある。形は花冠が長めのものから扁平なものまである。葉は全縁で 1 ～ 4 cm、秋には黄葉する。

漢字名	黒臼子
花期	6 ～ 7 月
環境	林内、林縁
分布	北海道、本州中部以北
大きさ	30 ～ 100 cm

果実は直径約 1 cm

秋には紅葉する　　　　葉はクロウスゴに似るがより小型　7/12 北岳

- *Vaccinium uliginosum* var. *japonicum*
- ツツジ科　スノキ属

クロマメノキ

赤〜赤紫

漢字名	黒豆の木
花　期	6〜7月
環　境	岩礫地
分　布	北海道、本州中部以北
大きさ	3〜80 cm

亜高山帯〜高山帯の風衝草原や岩礫地に生える落葉矮性低木。高山帯では稜線の西側斜面など風が強い場所に多く、礫地にはうように生える。葉は全縁で1〜2 cm。アサマブドウと別名があるように火山礫地にも多く分布する。

果実は黒く熟し 8 〜 10 mm

ウスノキの花

葉が太く大きめの印象。花色は濃淡がある　6/12 アポイ岳　ウスノキの果実

赤〜赤紫

オオバスノキ

● *Vaccinium smallii* var. *smallii*
● ツツジ科　スノキ属

山地〜亜高山帯の低木林に生え、日本海側の多雪地に多い。葉は3〜8cm。花色には濃淡がある。同属の**ウスノキ**は山地〜亜高山帯の低木林に生え、高さ1m前後。葉は2〜5cmと小さめで、果実は赤く、先は臼のように凹む。

漢字名	大葉酢の木
花　期	6〜7月
環　境	低木林内、林縁
分　布	北海道, 本州(中部以北)
大きさ	1m前後

雄しべはそろって上方を向く

花色が薄めの個体

葉は丸く光沢がある　　カラマツなど明るい林内に群生する　6/17八千穂自然園

- *Pyrola asarifolia* subsp. *incarnata*
- イチヤクソウ科　イチヤクソウ属

ベニバナイチヤクソウ

赤～赤紫

漢字名	紅花一薬草
花　期	6～7月
環　境	林内、林縁
分　布	北海道、本州(中部以北)
大きさ	10～20cm

山地～亜高山帯に生え、カラマツやシラカバなど明るい林内に多い。しばしば一面群生して見事。葉は根ぎわに2～5個つき、3～4.5cm、やや光沢がある。花冠は直径約1.3cmで桃色、初夏に下から順に咲き上がる。

211

森林限界付近に咲いていた 6/27 八ヶ岳

花弁の先端は細かく切れ込む

時に白い花の個体も見る

葉の鋸歯は 10 数個

赤〜赤紫

イワカガミ

● *Schizocodon soldanelloides*
● イワウメ科　イワカガミ属

主に亜高山帯の林内、林縁に生える。葉は1.5〜6cm、花は3〜10個。高山帯の岩場や雪田に生え、花が1〜5個と少なく、葉が直径1.2〜3.5cmと小さめの個体をコイワカガミと区分することもあるが変異は連続的。

漢字名	岩鏡
花期	6〜7月
環境	林内、林縁
分布	北海道、本州、四国、九州
大きさ	10〜20cm

花は直径8mm前後

萼の下の長い部分が子房 　　小さいがヤナギランと同じ仲間　8/23 白馬岳

● *Epilobium hornemannii*
● アカバナ科　アカバナ属

ミヤマアカバナ

赤〜赤紫

漢字名	深山赤花
花　期	7〜8月
環　境	岩礫地
分　布	北海道、本州(中部以北)
大きさ	5〜20cm

高山帯の湿った礫地などに生える。沢沿いの源頭部などで多い。この仲間には全体小型のヒメアカバナが亜高山帯に、15〜60cmと大きくなるイワアカバナが山地〜亜高山帯に生える。果実は細長く縦に裂ける。

花色は赤みを帯びた紫色　5/25 アポイ岳

葉の表面は光沢がある

アイヌタチツボスミレ　白馬岳

赤〜赤紫

アポイタチツボスミレ

● *Viola sacchalinensis* f. *alpina*
● スミレ科　スミレ属

山地〜高山帯の蛇紋岩地やかんらん岩が露出した礫地に局所的に生える。全体に紫色を帯び葉は表面に強い光沢がある。裏面は紫色。基本種の**アイヌタチツボスミレ**は葉の裏面が緑で、距がやや長め。北海道と本州に局所的に分布する。

漢字名	アポイ立壺菫
花期	5〜6月
環境	岩礫地
分布	北海道(夕張岳、アポイ岳ほか)
大きさ	3〜10cm
RDB	VU

赤紫が多く青みがかる個体もある

葉身は心形で2〜3cm

タニマスミレ　大雪山　　側弁の基部の開き方に特徴がある　6/20 夕張岳

● *Viola selkirkii*
● スミレ科　スミレ属

ミヤマスミレ

赤〜赤紫

漢字名	深山菫
花　期	5〜6月
環　境	林内、林縁
分　布	北海道、本州、四国
大きさ	5〜8cm

山地〜亜高山帯の林内や林縁に生える。和名の通り深山に多い。葉の表面に白斑が入るのはフイリミヤマスミレと呼ばれる。同属の**タニマスミレ**は大雪山、知床半島他に局所的に分布し、湿地周辺に生えるが個体数は少ない。

草地に群生する　7/16 月山

紅葉。葉は細かく切れ込む

チシマフウロ　天塩山地

赤〜赤紫

ハクサンフウロ

● *Geranium yesoense* var. *nipponicum*
● フウロソウ科　フウロソウ属

亜高山〜高山帯の広葉草原に生え、しばしば一面に群生する。分布山域、個体数とも多い。萼片の毛は寝るが、開出するものを変種のイブキフウロと区分することもある。同属の**チシマフウロ**は北海道、東北に分布し、花色は赤紫〜青紫。

漢字名	白山風露
花期	7〜8月
環境	草地
分布	本州(中部以北)
大きさ	30〜80cm

花は 1.7 cm 前後

果実は長くなり 2〜3.5 cm

エゾオヤマノエンドウ　大雪山　紫の絨毯のように岩場にはって広がる　6/8 八ヶ岳

- Oxytropis japonica var. japonica
- マメ科　オヤマノエンドウ属

オヤマノエンドウ

赤〜赤紫

漢字名	御山の豌豆
花　期	6〜7月
環　境	岩礫地
分　布	本州(飯豊山、北・中央・南アルプス、御嶽山、八ヶ岳)
大きさ	2〜4cm

高山帯で稜線付近の岩礫地に生える。葉は米粒のように小さく、相対すると花は大きめの高山植物らしい姿。変種の**エゾオヤマノエンドウ**は北海道の礼文島や大雪山系の岩礫地に分布し全体的に厚い絹毛におおわれて白く見える。

礼文島特産で個体数も限られる　6/4 礼文島

カラフトゲンゲ　礼文島

カラフトゲンゲの花序は5〜20個

赤〜赤紫

レブンソウ

● *Oxytropis megalantha*
● マメ科　オヤマノエンドウ属

礼文島に特産し、風衝草地や礫地に生える。花茎や萼には白い毛が目立つ。1花序の花は5〜10個、小葉は8〜11対。同科の**カラフトゲンゲ**は北海道の礼文島や大雪山などの高山帯に局所的に分布し、高さ10〜40cmになる。

漢字名	礼文草
花　期	6〜7月
環　境	岩礫地、風衝草地
分　布	北海道（礼文島）
大きさ	8〜15cm
RDB	EN

1花序に10〜20個の花がつく

シャジクソウ 黒斑山　　分布は局所的だが富士山では割と多い　7/20 富士山

- *Astragalus adsurgens*
- マメ科　ゲンゲ属

ムラサキモメンヅル

漢字名　紫木綿蔓
花　期　7〜8月
環　境　岩礫地
分　布　北海道（大平山）、本州（浅間山、富士山）ほか
大きさ　5〜10cm

赤〜赤紫

山地〜高山帯の砂礫地に生える。茎を地表にのばして広がる。小葉は17〜21枚。同科の**シャジクソウ**は長野、群馬、宮城県の山地〜亜高山帯の礫地や草地に生え、葉は3〜6個が放射状。花は10〜20個が扇状。

219

湿った草地に生えていた　8/1 蓮華温泉

花は直径 4〜5mm

葉はオニシモツケより細め

赤〜赤紫

シモツケソウ

● *Filipendula multijuga*
● バラ科　シモツケソウ属

山地〜亜高山帯の草地や湿地に生える。日本海側に多いオニシモツケに似るが葉はより細く、全体小さめで、本種は太平洋側の高原でも見られる。同じバラ科で落葉低木のシモツケは花が似るが、葉が掌状にならずに単葉。

漢字名	下野草
花　期	7〜8月
環　境	湿原、草地
分　布	本州（関東以西、四国、九州）
大きさ	30〜100cm

花は下向きに咲く

花弁は5枚

果実は集合果で直径2cmほど 　派手な花色のキイチゴの仲間　6/20 秋田駒ヶ岳

- *Rubus vernus*
- バラ科　キイチゴ属

ベニバナイチゴ

赤〜赤紫

漢字名	紅花苺
花　期	6〜7月
環　境	低木林内、林縁
分　布	北海道(西南部)、本州(東北〜中部の日本海側)
大きさ	1m

亜高山帯の低木林内や林縁に生える落葉低木。分布は日本海側の多雪地に限られ、特に沢沿いなど湿った環境に多い。葉は3出複葉で全体に刺がない。花は赤で下向きに咲く。果実は有毒ではないが美味しくない。

礫地に生えていた　8/1 朝日岳

萼は赤色で雄しべが長くのびる

ミヤマワレモコウの花穂は直立

赤〜赤紫

カライトソウ

- *Sanguisorba hakusanensis*
- バラ科　ワレモコウ属

亜高山帯〜高山帯の砂礫地や風衝草地に生える。葉は羽状複葉で小葉は4〜6対。多数の花が集まった花穂は6〜10cmで先端から基部に咲き進む。同属の**ミヤマワレモコウ**は小葉が5〜11対、花穂は1〜3cmと小さく地味。

漢字名	唐糸草
花期	7〜9月
環境	岩礫地、草地
分布	本州（北アルプス、白山ほか）
大きさ	40〜80cm

222

小葉3〜4対で薄く楕円形

オオタカネバラの花　尾瀬

オオタカネバラの葉は厚め　　花は順々に開き、一斉に咲いてくれない　7/31 白馬岳

- *Rosa nipponensis*
- バラ科　バラ属

タカネバラ

赤〜赤紫

漢字名	高嶺薔薇
花　期	6〜8月
環　境	岩礫地、草地、ハイマツ林縁
分　布	本州(中部地方以北)ほか
大きさ	50〜80cm

亜高山帯〜高山帯の岩礫地や低木林縁に生える落葉低木。小葉は3〜4対で薄い。花は直径4〜5cm。よく似た**オオタカネバラ**は北海道と本州の中部地方以北の日本海側に分布し、葉は2〜3対、花の直径5〜6cmと若干大きめ。

223

最も高標高まで生える野生のサクラ　6/1 尾瀬

直径2～2.5cmで花柄に毛はない

チシマザクラは花柄に毛がある

赤～赤紫

タカネザクラ

● *Cerasus nipponica*
● バラ科　サクラ属

山地帯上部～亜高山帯に生える落葉低木で別名ミネザクラ。花は葉と同時に開き下向きで、花柄には毛がない。葉は重距歯があり4～9cm。森林限界近くでは7月に入っても開花が見られる。花柄が有毛なのは変種の**チシマザクラ**。

漢字名	高嶺桜
花　期	5～7月上旬
環　境	林縁、低木林縁
分　布	北海道,本州(中部以北)
大きさ	0.5～5m

花は直径6〜8mmで赤褐色

葉は腎円形でそろった鋸歯がある　湿った場所に生える　7/29 木曽駒ヶ岳

- *Saxifraga fusca* subsp. *kikubuki*
- ユキノシタ科　ユキノシタ属

クロクモソウ

赤〜赤紫

漢字名	黒雲草
花　期	7〜8月
環　境	岩礫地、草地
分　布	本州(中部地方以北ほか)
大きさ	10〜40cm

山地〜高山帯の湿った草地や岩場に生える。特に谷沿いで日陰となり、水がしたたる岩陰などに多い。花弁は5枚で先端は浅く裂ける。新鮮な花の雄しべの葯は黄色。まれに白花個体がありセイカクロクモソウと呼ばれる。

225

「高山植物の女王」といわれる　7/29 大雪山

花の形を馬の顔にたとえた

葉は細かく切れ込む

シロバナコマクサ　八ヶ岳

赤〜赤紫

コマクサ

● *Dicentra peregrina*
● ケシ科　コマクサ属

高山帯で稜線付近の砂礫地に生える。生育環境はほぼ砂礫地に限られるが、環境が合えば標高2000m以下の亜高山でも分布する。他の植物が生えにくい、砂礫が移動する厳しい環境でも長い根を下ろして生きる。

漢字名	駒草
花　期	7〜8月
環　境	砂礫地
分　布	北海道, 本州（中部地方以北）
大きさ	4〜8cm

花は直径 2.5 cm で下向き

外側は萼片で内側の白が花弁

葉は3小葉からなる

1属1種の日本特産種 6/1 尾瀬

- *Ranzania japonica*
- メギ科 トガクシショウマ属

トガクシショウマ

漢字名	戸隠升麻
花　期	5〜6月
環　境	林内、林縁
分　布	本州（東北地方〜中部地方の日本海側）
大きさ	30〜50cm
RDB	NT

山地〜亜高山帯の林縁に生える。生育環境は日本海側で豪雪地域の谷筋の斜面。分布域は広いが自生地は局所的で、個体数も多くないことからなかなか見られず「幻の花」と言われる。盗掘の対象にもなりやすい絶滅危惧種。

赤〜赤紫

花色が濃いめの個体

シロバナシラネアオイ

葉は掌状に切れ込む

1科1属1種で日本の固有種　6/20 夕張岳

赤～赤紫

シラネアオイ

● *Glaucidium palmatum*
● シラネアオイ科　シラネアオイ属

山地～亜高山帯の林内や林縁、しばしば草地にも生える。分布は日本海側の多雪地となり、里山近くから高山まで垂直分布は広め。花は直径5～10cm。4枚の花弁状の萼片は赤紫～青紫と変異に富む。茎葉は3枚で掌状に切れ込む。

漢字名	白根葵
花　期	5～7月
環　境	林内、林縁、草地
分　布	北海道、本州（東北地方～中部地方の日本海側）
大きさ	20～50cm

萼片がここまで開くのは珍しい

葉は2回3出複葉

コミヤマハンショウヅル　早池峰山 　一斉風倒木跡地に群生していた　5/29 恵庭岳

- Clematis alpina subsp. ochotensis var. fusijamana
- キンポウゲ科　センニンソウ属

ミヤマハンショウヅル

赤～赤紫

漢字名	深山半鐘蔓
花　期	6～7月
環　境	低木林、林縁
分　布	北海道、本州（中部地方以北）
大きさ	つる性

山地～高山帯の林縁や草地の茂みに生えるつる性低木。花は萼片が紅紫色、花弁は内側の白で外側に10数個。葉は2回3出複葉。変種の**コミヤマハンショウヅル**は東北の高山に生え、葉は1回3出複葉で小葉は深く切れ込む。

盛夏のトラバース道で沢山咲いていた　8/11 北岳

花弁の基部に毛がある

シナノナデシコ　白馬岳

シナノナデシコの花は1.5〜2cm

赤〜赤紫

タカネナデシコ

● *Dianthus superbus* var. *speciosus*
● ナデシコ科　ナデシコ属

高山帯で稜線付近の岩礫地や風衝草地に生える。エゾカワラナデシコの高山型で花は直径4〜5cmと大きめ。花弁は細かく切れ込み繊細な印象。同属の**シナノナデシコ**は本州中部地方の山地〜亜高山帯の礫地に生える。

漢字名	高嶺撫子
花　期	7〜9月上旬
環　境	岩礫地
分　布	北海道、本州（中部地方以北）
大きさ	15〜40cm

白花のシロバナタカネビランジ

オオビランジ　八ヶ岳

真赤な花色の個体もある。萼に腺毛が多い　8/11 北岳

タカネビランジ

● *Silene akaisialpina*
● ナデシコ科　マンテマ属

漢字名	高嶺ビランジ
花　期	7～8月
環　境	岩礫地
分　布	南アルプス
大きさ	10～30cm

高山帯の砂礫地や岩角地に生える。花は直径2.5～3cmで花弁は不ぞろいに開いて5枚が多い。花は淡く赤みが入る白と赤があり、鳳凰山には赤が多い。よく似た**オオビランジ**は中部地方の亜高山帯に生え、萼はほとんど無毛。

赤～赤紫

印象的な花姿だが個体数は少ない　8/3 北岳

桃色が花弁で長さ2mmほど

萼筒の脈は黒紫色の毛がある

赤〜赤紫

タカネマンテマ

● *Silene uralensis*
● ナデシコ科　マンテマ属

高山帯の岩礫地にまれに生える。提灯のように膨らんだ部分は萼筒。周北極要素の高山植物で日本では南アルプスだけに分布する貴重な遺存種。珍しい形のために盗掘され減少している絶滅危惧種。大切に保護して将来に残したい。

漢字名	高嶺マンテマ
花　期	7〜8月
環　境	岩礫地
分　布	南アルプス
大きさ	4〜8cm
ＲＤＢ	CR

多数の花からなる花穂は2〜3cm

茎葉の基部は茎を抱く

盛夏の早池峰山の露岩帯に咲く　8/9 早池峰山

ナンブトラノオ

- *Bistorta hayachinensis*
- タデ科　イブキトラノオ属

赤〜赤紫

漢字名	南部虎の尾
花　期	7月下旬〜8月
環　境	岩礫地
分　布	早池峰山
大きさ	10〜30cm
RDB	CR

早池峰山の固有種で、高山帯の岩礫地に生える。花穂は太く短く淡桃色。根生葉は狭卵形で長さ3〜8cm。7月下旬のハヤチネウスユキソウの開花時期でも咲き始めているが、多数が花をつける見事な株は8月になってからが見頃。

全国の山地高原から高山まで分布が広い 7/20 利尻山　色が淡い個体。花穂は3～6cm　茎葉は茎を抱く

イブキトラノオ

- *Bistorta officinalis* subsp. *japonica*
- タデ科　タデ属

山地～高山帯にかけての草地や草原に生え、垂直分布は広い。しばしば見応えある一面の大群落を形成する。花穂は長さ5～8cm、白色から淡紅色まで幅がある。名の由来は滋賀県の伊吹山と穂状の花をもつオカトラノオから。

漢字名	伊吹虎の尾
花　期	7～9月
環　境	高山草原
分　布	北海道、本州、四国、九州
大きさ	50～120cm

赤～赤紫

アツモリソウも絶滅危惧種

アツモリソウのアップ 　　保護政策のためモニター登山会に参加した　6/19 岨山

- *Cypripedium macranthos* var. *macranthos*
- ラン科　アツモリソウ属

ホテイアツモリ

赤〜赤紫

漢字名	布袋敦盛
花　期	6〜7月
環　境	草地
分　布	北海道、本州(中部地方)
大きさ	20〜40cm
RDB	CR
	VR(アツモリソウ)

亜高山帯の草地に生える。分布、個体数とも限られている絶滅危惧種。花が豪華で園芸価値が高いため悲しいことに盗掘により壊滅状態の自生地が多い。変種の**アツモリソウ**は山野の草地に生え花の色が淡く唇弁は面長な印象。

針葉樹林に咲く森の妖精　5/26 八ヶ岳

葉は1枚でしわが多い

シロバナホテイラン

ホテイラン

● *Calypso bulbosa* var. *speciosa*
● ラン科　ホテイラン属

亜高山帯で針葉樹林の林床に生える。分布は局所的で個体数も少ない。盗掘や踏み荒らしにより減少している絶滅危惧種。基本種のヒメホテイランは青森県、北海道に分布し、距が短め。北半球の亜寒帯にも広く分布する。

赤〜赤紫

漢字名	布袋蘭
花　期	5〜6月
環　境	針葉樹林内
分　布	本州(中部地方)
大きさ	6〜15 cm
R D B	EN

唇弁の模様は変異が大きい

白花に近い花。距は1〜1.5cm

シロバナハクサンチドリ 　　ウズラバハクサンチドリと並んで生えていた　7/3 月山

● *Dactylorhiza aristata*
● ラン科　ハクサンチドリ属

漢字名	白山千鳥
花　期	6〜8月
環　境	草地
分　布	北海道、本州(中部地方以北)
大きさ	8〜30cm

ハクサンチドリ

赤〜赤紫

亜高山〜高山帯の草地に生える。本州中部ではお花畑に点々と咲く程度だが、東北、北海道では道路脇の法面にも群生する。葉は3〜6枚で、斑紋があるのは品種の**ウズラバハクサンチドリ**という。ラン科の高山植物では割合多く見る。

ハクサンチドリよりずっと少ない　7/24 八ヶ岳

花はハクサンチドリより大きめ

距は1.5〜1.7mm

ニョホウチドリ

● *Ponerorchis joo-iokiana*
● ラン科　ウチョウラン属

亜高山帯の岩場の草付きなどに生える。自生地は深山で峻厳な場所が多い。登山道脇など目立つ場所に生える個体は盗掘されやすい。ハクサンチドリに似るが花は2〜3個と少なく大きめ。唇弁はとがらず丸みを帯びる。

赤〜赤紫

漢字名	女峰千鳥
花　期	7〜8月
環　境	草地
分　布	本州（関東北部〜中部地方）
大きさ	10〜15cm
RDB	NT

距は長く1.5〜2cm

唇弁は3裂し先は丸い　しばしば数株が固まって生える　6/30 美ヶ原

- *Gymnadenia conopsea*
- ラン科　テガタチドリ属

漢字名	手形千鳥
花期	7〜8月
環境	草地
分布	北海道、本州（中部地方以北）
大きさ	20〜60cm

テガタチドリ

亜高山帯〜高山帯の草地に生える。本州中部ではハクサンチドリとともにラン科の高山植物ではメジャーで、とがったイメージのハクサンチドリに比べてふくよかな印象。名の由来は根茎が掌のようなことから。葉は6〜10枚。

赤〜赤紫

花は小さめで唇弁は5mm程度

林道脇、登山道脇でも多い 6/30 尾瀬

白花品種**シロバナノビネチドリ**

赤～赤紫

ノビネチドリ

● *Gymnadenia camtschatica*
● ラン科 テガタチドリ属

山地～亜高山帯の草地や明るい林内に生える。葉は5～10個つき、基部は茎を抱き、縁は波打つ。花は小さめで、側花弁は約6mm、唇弁は5mmで3裂する。本州中部の高山よりも東北～北海道の中級山岳に多い。

漢字名	延根千鳥
花　期	5～7月
環　境	草地、林内、林縁
分　布	北海道、本州(中部地方以北)、四国、九州
大きさ	20～60cm

花がここまで開かない個体も多い

トキソウ　北アルプス朝日岳

トキソウの唇弁のヒダと模様　ワタスゲ、ツルコケモモと咲いていた　6/28 駒止湿原

サワラン

赤～赤紫

● *Eleorchis japonica*
● ラン科　サワラン属

漢字名	沢蘭
花　期	6～7月
環　境	高層湿原
分　布	北海道、本州（中部地方以北他）
大きさ	20～30cm

山地～亜高山帯の湿原に生える。葉は1枚で線形、幅4～8mm、長さ5～15cm。同科の**トキソウ**は山野～亜高山帯の湿地や高層湿原に生え、10～30cm、葉は楕円形で茎の中ほどに1個つける。和名は花の朱鷺色から。

里山から高山まで垂直分布が広い　7/3 月山

夕張岳で見た個体。紫色が強め

無花茎の葉

ショウジョウバカマ

- *Helonias orientalis*
- ユリ科　ショウジョウバカマ属

海岸近くの林内〜高山帯の雪田草原まで生える。分布は日本海側の多雪地が中心で、垂直分布が広いのが特徴。雪が溶けると積雪の下で広げていた葉で光を受け、茎をのばすよりも先に花を開花させる。茎は花後も伸びて 30 cm になる。

漢字名	猩々袴
花　期	4〜8月
環　境	林内、雪田草原
分　布	北海道、本州、四国
大きさ	10〜25 cm

赤〜赤紫

花弁の模様がない個体もある

葉は輪生して「車輪状」

コオニユリの葉は輪生しない　草原に生える　8/7 白馬岳

クルマユリ

赤〜赤紫

- Lilium medeoloides
- ユリ科　ユリ属

漢字名	車百合
花　期	7〜8月
環　境	草地
分　布	北海道，本州（中部地方以北），ほか
大きさ	30〜100cm

亜高山〜高山帯の草地に生え、「お花畑」と呼ばれる広葉草原に群生する。名の由来は茎に20個程度まで輪生する葉が車輪状なことから。よく似て山野や高原に多い**コオニユリ**は葉が輪生せず、花が大きめで花弁は細めな違いがある。

分布が限られた美しい野生のユリ　6/28 高清水自然園　白花個体　葉は互生し短い柄がある

赤～赤紫

ヒメサユリ

● *Lilium rubellum*
● ユリ科　ユリ属

山地～亜高山帯の草地に生える。分布が狭いのが特徴だが、分布域内では里山に近い自然公園で咲く自生地があれば、飯豊山や朝日山地など高山の稜線の草地で咲くこともある。花期はニッコウキスゲより早く、葉のつき方も異なる。

漢字名	姫小百合
花　期	5～7月
環　境	草地
分　布	本州（山形・福島・新潟県の県境一帯）
大きさ	30～80cm
RDB	NT

多数の花が球形に集まり3〜4cm

ヒメエゾネギ　アポイ岳

エゾネギ　礼文島

近くの草地では大群生も見られた　7/30 夕張岳

- *Allium schoenoprasum* var. *orientale*
- ユリ科　ネギ属

シロウマアサツキ

赤〜赤紫

漢字名	白馬浅葱
花　期	7〜8月
環　境	草地
分　布	北海道、本州（朝日山地、飯豊山、中部地方）
大きさ	20〜60cm

高山帯の草地や礫地に生える。葉は円筒形。至仏山、谷川岳には変種で葉が細いシブツアサツキが生える。変種の**ヒメエゾネギ**は北海道に分布し、小型で花は少なめ。基になる変種は**エゾネギ**で北海道の海岸草地に生える。

245

花冠には毛があり長め

葉の鋸歯は波状で光沢が強い

稜線西側の風衝草地や礫地、岩壁に多い　8/18 白馬岳　品種 シロバナチシマギキョウ

青〜青紫

チシマギキョウ

● *Campanula chamissonis*
● キキョウ科　ホタルブクロ属

高山帯の岩礫地に生える。花冠は長さ3〜3.5cmで毛がある。同じ高山帯に生えるイワギキョウと比べて、稜線の岩場や西側の風衝礫地に多い傾向がある。八ヶ岳には本種のみ分布し、花冠の先端がすぼまる傾向が強い。

漢字名	千島桔梗
花　期	7〜8月
環　境	岩礫地
分　布	北海道、本州(中部地方以北)
大きさ	5〜10cm

花冠は毛がなく短め

鋸歯は突起状で光沢が弱い

萼には毛が多い

稜線東側の礫地や雪蝕崩壊地に多い　8/19 白馬岳

- *Campanula lasiocarpa*
- キキョウ科　ホタルブクロ属

イワギキョウ

青〜青紫

漢字名	岩桔梗
花　期	7〜9月
環　境	岩礫地
分　布	北海道、本州（中部地方以北）
大きさ	5〜10cm

高山帯の岩礫地に生える。チシマギキョウとの違いは花冠に毛がないこと。色はやや淡く、花筒は短めで上向きに咲くことが多い。チシマギキョウより多雪の山域、地形に多く、稜線付近でも東側の雪蝕崩壊地に多く生える傾向がある。

萼には鋸歯がなく全縁

品種ヒメシャジン　白馬岳

礫地に生えヒメシャジンとは萼だけの違い　8/9 早池峰山　ヒメシャジンの萼は鋸歯がある

青〜青紫

ミヤマシャジン

● *Adenophora nikoensis* f. *nipponica*
● キキョウ科　ツリガネニンジン属

亜高山〜高山帯の岩礫地に生える。葉は互生、まれに対生で幅には太い個体から細い個体まで変異がある。花冠は2〜3cmで萼片は太めで全縁。よく似た**ヒメシャジン**は萼片が細く鋸歯がある。南アルプスではミヤマシャジンが多い。

漢字名	深山沙参
花　期	8〜9月
環　境	岩礫地
分　布	本州東北地方南部〜（中部地方）
大きさ	10〜40cm

萼片は細く突起状の鋸歯がある

葉は茎の上部へいくほど細い　厳しい環境に根を下ろして咲いていた　8/14 鳳凰山

- *Adenophora takedae* var. *howozana*
- キキョウ科　ツリガネニンジン属

ホウオウシャジン

漢字名	鳳凰沙蔘
花　期	8〜9月上旬
環　境	岩礫地
分　布	南アルプス鳳凰山
大きさ	10〜30cm
RDB	EN

鳳凰山の固有種で、高山帯の岩礫地に生える。花崗岩の割れ目に垂れ下がって生える個体も多い。山地の沢沿いなどに生えるイワシャジンの変種で、全体小型で萼片の鋸歯が少ない。分布、個体数とも局限された絶滅危惧種だ。

青〜青紫

あちこちに群生していた 8/8 鳥海山

花は輪生する

萼片は線形で鋸歯があるか全縁

葉は3～5個が輪生する

ハクサンシャジン

- *Adenophora triphylla* var. *japonica* f. *violacea*
- キキョウ科　ツリガネニンジン属

亜高山～高山帯の礫地や草地に生える。花は茎に2～3段につき、1段に数個輪生する。花冠は長さ1.2～1.7cm。葉も1段に3～5個が輪生する。山野や高原に生えるツリガネニンジンの高山型で背が低めだが、違いは連続的。

漢字名	白山沙参
花期	7～8月
環境	岩礫地、草地
分布	北海道、本州（中部地方以北）
大きさ	20～50cm

青～青紫

咲き始め。中心花の開花はまだ

次に中心花が咲く

葉は羽状に切れ込む　　　花が大きいので存在感がある　8/2 白馬岳

- *Scabiosa japonica* var. *alpina*
- マツムシソウ科 マツムシソウ属

タカネマツムシソウ

青～青紫

漢字名	高嶺松虫草
花　期	7月下旬～8月
環　境	岩礫地、草地
分　布	本州東北地方南部～（中部地方）
大きさ	30～40cm

高山帯で稜線付近の礫地や草地に生える。2年草で1年目はロゼット状で過ごす。山野や高原に生えるマツムシソウの変種で、前者の頭花が3～4cmに対し、5cmまでと大きめで丈が短い。花は小花が集まり花冠は5裂する。

花冠の内側には腺毛がある

スミレ似だけどスミレではない食虫植物　7/30 夕張岳　　葉には腺毛があり虫を捕らえる

青～青紫

ムシトリスミレ

● *Pinguicula vulgaris* var. *macroceras*
● タヌキモ科　ムシトリスミレ

亜高山～高山帯の湿った礫地や草地に生える食虫植物。貧栄養な環境に生きる戦略として葉の表面に腺毛があり、虫を捕らえて養分を吸収する。分布は比較的広いが、見られる場所、個体数ともにそれほど多くはない。

漢字名	虫取菫
花　期	7～8月
環　境	岩礫地、湿地
分　布	北海道、本州(中部地方以北ほか)
大きさ	5～10cm

葉は広卵形で4〜10cm

ホソバウルップソウの花

ホソバウルップソウの葉

丸く大きな葉が高山植物では特異な印象　7/13 白馬岳

- *Lagotis glauca*
- ウルップソウ科　ウルップソウ属

漢字名	得撫草
花　期	7〜8月
環　境	岩礫地
分　布	北海道(礼文島)、本州(北アルプス北部、八ヶ岳)
大きさ	10〜30cm
RDB	NT

ウルップソウ

高山帯で稜線付近の砂礫地や礫が混じる草地に生える。花は多数つき下から上へ咲き上がる。花冠は長さ1〜1.2cm。下側の花弁は2〜3裂する。同属の**ホソバウルップソウ**は花は似ているが葉の幅がより狭い、大雪山の固有種。

青〜青紫

253

上唇は2裂、下唇は3裂する

花冠は長さ約2.5cm、白毛がある

岩場に生える袋、絶妙のネーミング　7/29 大雪山

葉は無毛で厚く3.5〜8cm

イワブクロ

青〜青紫

● Penstemon frutescens
● ゴマノハグサ科　イワブクロ属

高山帯の砂礫地に生え、火山にも多い。東北北部〜北海道にかけて分布するが、自生地では個体数がまとまって群生していることが多く、花の大きさ、花つきからも壮観だ。別名タルマイソウは北海道の樽前山から。

漢字名	岩袋
花期	7〜8月
環境	岩礫地
分布	北海道、本州(岩手山、秋田駒ヶ岳、鳥海山)
大きさ	15〜50cm

クワガタソウに似た花で約1cm

葉は無毛で鋸歯はそろっている　沢筋の高茎草原に生えていた　8/24 白馬岳

- *Pseudolysimachion ovatum* subsp. *miyabei* var. *japonicum*
- ゴマノハグサ科　ルリトラノオ属

ヤマルリトラノオ

青〜青紫

漢字名	山瑠璃虎の尾
花　期	7〜8月
環　境	草地
分　布	本州（近畿地方以北）
大きさ	30〜1m

山地〜亜高山帯の草地に生える。一見クガイソウ似だが、別属で花の構造が異なり、葉も輪生ではなく対生。花序は下から順に上へ咲き上がる。北海道〜東北地方には変種で葉に毛があるエゾルリトラノオが分布する。

筒型で長さ5〜6mmの花

山野、高原ばかりでなく高山でも見る 8/13 北岳

葉は4〜8個輪生する

青〜青紫

クガイソウ

● *Veronicastrum japonicum*
● ゴマノハグサ科　クガイソウ属

山地〜亜高山帯の草地に生える。高原で馴染み深い花だが、亜高山帯の草地まで分布する。花穂は20〜30cmで、花は下から上へと咲き上がる。名の由来は輪生する葉を傘（蓋）に見立て、9段ほどまで層になることから。

漢字名	九蓋草
花　期	7〜8月
環　境	草地
分　布	本州
大きさ	0.8〜1.3m

南アルプス産は花の赤みが濃い

アポイクワガタの葉

キクバクワガタ　斜里岳　　　　白馬岳では淡青紫色の花が多い　8/7 白馬岳

- *Pseudolysimachion schmidtianum* subsp. *senanense*
- ゴマノハグサ科　ルリトラノオ属

ミヤマクワガタ

青〜青紫

漢字名	深山鍬形
花　期	7〜8月
環　境	岩礫地
分　布	本州(中部地方以北)
大きさ	7〜15 cm

高山帯の岩礫地に生える。葉は長さ1.5〜4 cmで羽状に切れ込む。花は直径8 mm程度。亜種の**アポイクワガタ**はアポイ岳に生え、葉に光沢があり葉裏は紫色。亜種の**キクバクワガタ**は北海道に生え、葉の切れ込みが深め。

257

花は小さめで地味な存在　7/13 白馬岳

果実の先は凹む

シナノヒメクワガタの果実

エゾヒメクワガタ　大雪山

青〜青紫

ヒメクワガタ

● *Veronica nipponica*
● ゴマノハグサ科　クワガタソウ属

高山帯の礫地や草地に生える。花は直径5〜7mm。変種の**シナノヒメクワガタ**は北ア南部、中央・南アに分布し果実の先端が凹むだけの違い。同属の**エゾヒメクワガタ**は北海道に分布し、花は直径約1cmと大きめで色も濃い。

漢字名	姫鍬形
花期	7〜8月
環境	岩礫地、草地
分布	鳥海山、月山、飯豊山、吾妻山、北アルプス中北部、白山
大きさ	8〜15cm

花冠の長さ2.5～3cm

ミヤマクルマバナ　飯豊山 　　山野や高原に生えるウツボグサより大柄　8/1 朝日岳

- *Prunella prunelliformis*
- シソ科　ウツボグサ属

タテヤマウツボグサ

漢字名	立山靫草
花　期	7～8月
環　境	草地
分　布	本州（中部地方以北の日本海側）
大きさ	20～40cm

亜高山帯の草地に生える。山野に生えるウツボグサに似て、花が大きく、上部の葉の葉柄は無柄、走出枝がない。同科のミヤマクルマバナは東北～中部地方日本海側の山地～亜高山帯に分布し、花冠は長さ1.5～2cm。

青～青紫

259

葉柄は短く長さ 2〜10 mm

白馬尻周辺で群生していた　9/4 白馬岳　　白花個体

青〜青紫

ミソガワソウ

● *Nepeta subsessilis*
● シソ科　イヌハッカ属

山地〜亜高山帯の草地に生える。高山では登山口近くの谷沿いで、背が高い草本類からなる高茎草原に多く、しばしば一面群生して見事。花冠は長さ 2.5〜3 cm。名の由来は木曽川の支流の味噌川で旅人の目についたとの説がある。

漢字名	味噌川草
花　期	7〜9月
環　境	草地
分　布	北海道、本州(中部地方以北)ほか
大きさ	30〜100 cm

花は直径 7〜8 mm

無花茎の葉。白い剛毛がある

エゾルリムラサキ　アポイ岳

稜線の礫地に固まって咲いていた　7/31 白馬岳

● *Eritrichium nipponicum*
● ムラサキ科　ミヤマムラサキ属

ミヤマムラサキ

青〜青紫

漢字名	深山紫
花　期	7〜8月
環　境	岩礫地
分　布	本州（谷川山系、戸隠山、美ヶ原、北・南アルプス）
大きさ	5〜12 cm

亜高山〜高山帯の岩礫地に生える。分布は局所的で石灰岩地、蛇紋岩地など、特殊な地質に多い。変種の**エゾルリムラサキ**は北海道の日高山地などに局所的に分布し、花は直径約1cmと大きめで花色も濃いめ。葉の剛毛も太くて長い。

自生は多くない。そっと大切に残したい　7/25 大雪山　　葉は脈があり白い剛毛がある

青〜青紫

エゾルリソウ

- *Mertensia pterocarpa* var. *yezoensis*
- ムラサキ科　ハマベンケイソウ属

花冠は長さ1〜1.3cm

高山帯の砂礫地や崩壊地に生える。全体青白色を帯びる。花序は垂れ下がり、花色は青紫だが、赤みを帯びる個体もある。植物園や園芸店でも見ることもあるが、自生の分布は局所的で個体数も多くない絶滅危惧種。

漢字名	蝦夷瑠璃草
花　期	7〜8月
環　境	岩礫地
分　布	北海道(大雪山系、夕張山地、日高山地)
大きさ	10〜30cm
RDB	CR

花弁は5枚で直径は約2cm

小葉は7〜9対　　　分布は狭いが北岳では割と多く見られる　7/14 北岳

● Polemonium caeruleum subsp. yezoense var. nipponicum
● ハナシノブ科　ハナシノブ属

ミヤマハナシノブ

青〜青紫

漢字名	深山花忍
花　期	7〜8月
環　境	草地
分　布	本州（北アルプス清水岳、南アルプス北岳、鳳凰山）
大きさ	40〜50cm
RDB	VU

亜高山帯の林縁や草地に生える。名の由来は羽状複葉の葉をシダ植物のシノブに見立てて。阿蘇の草原に自生する希少種ハナシノブの仲間。亜種のカラフトハナシノブは礼文島と崋山に分布し、花色が濃く、萼が短い。

小さいが花の模様が美しい　　7/29 八方尾根

花冠は楕円形で萼片より長い

チシマセンブリ　アポイ岳

チシマセンブリの花

ハッポウタカネセンブリ

● Swertia tetrapetala subsp. Micrantha var. happoensis
● リンドウ科　センブリ属

八方尾根に特産し、蛇紋岩が露出した岩礫地に生える。花冠は6〜8mm程度と小さい。葉は対生し、脈はやや不明瞭。亜種の**チシマセンブリ**は北海道の草地や蛇紋岩地に分布し、花冠はより太く、直径1cmと大きめ。

漢字名	八方高嶺千振
花　期	8月
環　境	岩礫地
分　布	八方尾根
大きさ	5〜15cm

青〜青紫

花冠は長さ1〜1.5cm

チチブリンドウ　　花喉部は白い鱗片にふさがれている　8/16 北岳

- *Comastoma pulmonarium* subsp. *sectum*
- リンドウ科　サンプクリンドウ属

サンプクリンドウ

青〜青紫

漢字名	三伏竜胆
花期	8〜9月
環境	岩礫地
分布	八ヶ岳、南アルプス
大きさ	4〜8cm
RDB	EN

亜高山〜高山帯の礫地や草地にまれに生える1〜2年草。南アルプス、八ヶ岳に局所的に生え、個体数も少ない。名の由来は三伏峠から。同科の**チチブリンドウ**は南アルプス、秩父山地などの石灰岩地に生え、大きさ8〜15cm。

薄紫色の花冠の直径は1〜1.5cm　9/9 北岳

アカイシリンドウ　北岳

アカイシリンドウの花冠

青〜青紫

ヒメセンブリ

● *Lomatogonium carinthiacum*
● リンドウ科　ヒメセンブリ属

高山帯の風衝草地や礫地にまれに生える1〜越年草。分布は南アルプスと八ヶ岳に局所的で個体数も少ない。同科の**アカイシリンドウ**は南アルプスの亜高山〜高山帯の礫地にまれに生え、高さ5〜30cm、花冠の先は丸い。

漢字名	姫千振
花　期	8〜9月
環　境	岩礫地、草地
分　布	八ヶ岳、南アルプス
大きさ	2〜10cm
RDB	EN

花冠の副片が内側に折れる

イイデリンドウ　飯豊山

花色が濃く反り立つ副片が印象的　7/26 大雪山

リシリリンドウ

● *Gentiana jamesii*
● リンドウ科　リンドウ属

漢字名	利尻竜胆
花　期	7〜9月
環　境	岩礫地、草地
分　布	利尻山、夕張岳、大雪山
大きさ	3〜15cm
RDB	VU

高山帯で湿り気味の礫地や草地に生える。分布は局所的で個体数も少ない希少種。萼裂片は反り返る。同属の**イイデリンドウ**は飯豊山に特産し、花冠の副片が内側に折れリシリリンドウに似るが、ミヤマリンドウの変種となる。

青〜青紫

まだ緑が濃くない湿原に群生していた　6/12 尾瀬 　　花冠の内側に黒い斑点がある

茎葉は5〜10mmで細く対生する

青〜青紫

タテヤマリンドウ

● *Gentiana thunbergii* var. *minor*
● リンドウ科　リンドウ属

亜高山帯〜高山帯の高層湿原や湿った雪田草原に生える1〜2年草。ミヤマリンドウより湿った環境に多く、イワイチョウなどが生える湿った雪田草原や、ミズゴケが生える高層湿原に多い。花期も早めで初夏に咲く。

漢字名	立山竜胆
花　期	5〜7月
環　境	湿原、雪田草原
分　布	北海道(石狩地方)、本州(中部地方以北ほか)
大きさ	3〜8cm

花冠の内側に白い斑点がある

葉は5〜12mmで対生する 　　湿った草地に群生していた　7/23 大雪山

ミヤマリンドウ

- *Gentiana nipponica*
- リンドウ科　リンドウ属

漢字名	深山竜胆
花　期	7〜9月
環　境	草地、雪田草原
分　布	北海道、本州（中部地方以北）
大きさ	3〜8cm

高山帯の湿った草地や雪田草原に生える。大きさがほぼ同じで湿原に生えるタテヤマリンドウとの違いは花冠の模様のほか、本種はやや乾き気みとなるアオノツガザクラやガンコウランなどが生える環境に多く、生活型も多年草なこと。

青〜青紫

遅咲きの気難しがり屋であまり開かない　9/26 大日岳

少し開いた花冠

エゾリンドウ　大雪山

オヤマリンドウ

- *Gentiana makinoi*
- リンドウ科　リンドウ属

亜高山帯の草地や林縁に生える。花は茎の先端に集まり 2.5 〜 3.5 cm、よく晴れていないと開かない。同属でよく似た**エゾリンドウ**は中部地方以北〜北海道の草地や湿地に生え 30 〜 80 cm。花は上部の葉の脇にもつく。

青〜青紫

漢字名	御山竜胆
花期	8 〜 9 月
環境	草地、低木林縁
分布	本州（東北南部〜中部地方）
大きさ	15 〜 60 cm

花冠の基部に内片が直立する

八ヶ岳の個体、色が淡い

羊蹄山の個体、花冠は淡桃色　　山小屋の石垣脇の草地に生えていた　8/19白馬岳

● *Gentianella amarella* subsp. *takedae*
● リンドウ科　チシマリンドウ属

オノエリンドウ

青〜青紫

漢字名	尾上竜胆
花　期	8〜9月
環　境	草地
分　布	羊蹄山、北・南アルプス、八ヶ岳
大きさ	5〜20cm
RDB	EN

亜高山〜高山帯の草地に生える。礫が混じる草丈の低い明るい草地に多い。花弁は4〜5枚。花冠の内片は3〜4mmで細裂する。小型のリンドウの仲間は1〜越年草が多いが、本種もその1つ。分布や個体数が限られた絶滅危惧種。

花色は赤みを帯びるものもある　8/11 北岳　　　　チシマフウロ　花色は赤紫もある

直径2.5〜3cmで横向きに咲く

青〜青紫

タカネグンナイフウロ

● *Geranium onoei*
● フウロソウ科　フウロソウ属

亜高山〜高山帯の草地に生える。山野の草原に生えるグンナイフウロの高山型の品種で、葉の裏の脈上と茎に開出毛がある。よく似た同属の**チシマフウロ**は北海道と東北北部に分布し、花は横向きに咲き、茎に下向きの毛がある。

漢字名	高嶺郡内風露
花　期	7〜8月
環　境	草地
分　布	本州（中部地方ほか）
大きさ	30〜50cm

下から見る。花の直径3〜4cm

葉は白みを帯び、小葉は扇型

白花個体 礼文島　　　園芸種とは違う自生の美しさ　7/10 早池峰山

- *Aquilegia flabellata* var. *pumila*
- キンポウゲ科　オダマキ属

ミヤマオダマキ

青〜青紫

漢字名	深山苧環
花　期	6〜7月
環　境	岩礫地
分　布	北海道、本州(早池峰山、蔵王、谷川岳、北・南アルプス、八ヶ岳、白山)
大きさ	10〜25cm

高山帯で稜線付近の岩礫地や岩角地に生える。山野や高原に生え、花が黄色やえんじ色のヤマオダマキの仲間。岩壁など最も厳しい環境にも生え、花の形と白と紫の微妙な色合いが自然の造形美を感じさせる。人気の高山植物の1つ。

花柄の毛は開出する

ミヤマトリカブト　白馬岳

この仲間は似ているが花柄が識別点　8/27 八ヶ岳

ミヤマトリカブトの花柄の毛は寝る

青〜青紫

ホソバトリカブト

● *Aconitum senanense*
● キンポウゲ科　トリカブト属

亜高山〜高山帯の草地に生える。花柄の毛は開出し、葉はほとんど基部まで3深裂する。同属でよく似た**ミヤマトリカブト**は東北〜白山の日本海側の亜高山〜高山帯の草地に分布し、花柄の毛は曲がって寝て、葉は3浅〜中裂する。

漢字名	細葉鳥兜
花　期	8〜9月
環　境	草地
分　布	本州(谷川山系、日光白根山、北・中央・南アルプス、八ヶ岳ほか)
大きさ	40〜100cm

花柄の毛は寝る

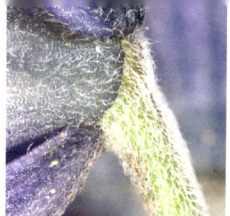

キタザワブシ　北岳

キタザワブシの葉　　トラバース道周辺でよく見られる　8/11 北岳

- *Aconitum kitadakense*
- キンポウゲ科　トリカブト属

キタダケトリカブト

漢字名	北岳鳥兜
花期/環境	8月／草地
分　布	北岳　※キタザワブシは南・中央アルプス、八ヶ岳、御嶽山
大きさ	10〜50cm
RDB	CR

北岳の山頂付近で礫が混じる明るい草地に特産する。花柄の毛は曲がり葉は3深裂する。よく似た**キタザワブシ**は南アルプスほかに分布し、亜高山帯の草地や林縁に生え40〜80cm、花柄の毛は曲がり葉は3深裂する。

青〜青紫

アヤメよりも湿った湿地に多い 6/28 駒止湿原

内花被片(中の花びら)は小さい

アヤメは内花被片が大きく立つ

カキツバタは網目模様がない

青〜青紫

ヒオウギアヤメ

● *Iris setosa*
● アヤメ科　アヤメ属

亜高山帯の湿地や湿原に生える。外花被片の基部には網目模様があり、内花被片は山地の草地に生えるアヤメのように直立しない。同属の**カキツバタ**は山野の水湿な湿原に生え、外花被片の中央に白い筋が1本入る。

漢字名	桧扇菖蒲
花　期	7〜8月
環　境	草地、湿原
分　布	北海道、本州(中部地方以北)
大きさ	30〜90 cm

花冠は大きめで3cm前後

花冠の基部の毛と腺溝

無花茎の葉。楕円形で3～8cm　やや局所的に湿った草地に生える　8/11 白馬岳

- *Swertia perennis* subsp. *cuspidata*
- リンドウ科　センブリ属

ミヤマアケボノソウ

緑～茶

漢字名	深山曙草
花期	8～9月
環境	草地
分布	本州(早池峰山、北・南・中央アルプス、八ヶ岳)
大きさ	15～30cm

亜高山～高山帯で湿った草地や岩場の草付きに生える。花冠は暗紫色だが濃淡に幅がある。花冠の裂片の基部には毛で覆われた腺溝があり、間に蜜がたまる。花色が地味なためか目立ちにくいがセンブリの仲間。

277

湿った環境に多くトゲだらけ　6/22 八ヶ岳

雌雄異株の雄花

子房がある雌花

6〜7mmの赤い果実が集まる果序

ハリブキ

● *Oplopanax japonicus*
● ウコギ科　ハリブキ属

亜高山帯の林床に生える落葉低木で雌雄異株。暗い針葉樹林の林床から、明るい落葉樹林の林縁まで湿った環境に多い。名の由来は葉をフキに見立て、全草刺があることから。特に茎は隙間なく刺で覆われ、触ると痛いほど。

漢字名	針蕗
花　期	6〜7月
環　境	林内
分　布	北海道、本州（中部地方以北）
大きさ	30〜100cm

緑〜茶

花弁は5枚で8mm前後

オオツリバナの花は白い

オオツリバナの果実は1.5cmほど　名前通りツリバナの仲間で花は赤褐色　8/4 栂池

クロツリバナ

- *Euonymus tricarpus*
- ニシキギ科　ニシキギ属

緑〜茶

漢字名	黒吊花
花期	6〜7月
環境	低木林内, 林縁
分布	北海道, 本州（中部地方以北）
大きさ	1〜3m

亜高山帯の林縁や低木林内に生える。花後の果実は直径約1cmで3つの翼（よく）があり赤く熟す。同属の**オオツリバナ**は山地〜亜高山帯に生え2〜5m、花は白で花弁は5枚、直径8mm、果実は球形で稜が4〜5個ある。

葉はツンツンととがる印象　7/5 尾瀬

ミネカエデの雄花 8〜10mm

オガラバナ。花序は円柱形

オガラバナの葉はふくよかな印象

ミネカエデ

● *Acer tschonoskii*
● カエデ科　カエデ属

亜高山帯の林縁や低木林に生える落葉低木。カエデの仲間では最も高標高まで分布する。花は1花序に5〜9個。葉は秋には鮮やかに黄葉する。同属の**オガラバナ**は山地〜亜高山帯に生え2〜10m、葉の裏に軟らかい毛が密生する。

漢字名	峰楓
花　期	6〜7月
環　境	低木林内、林縁
分　布	北海道、本州（中部地方以北ほか）
大きさ	1〜3m

緑〜茶

雄花。葯も花糸も赤褐色

雌花は1個ずつ葉の脇につく

果実は球形で約7mm。黒色に熟す　花は目立たないが高山では割合多い　6/8 八ヶ岳

- *Empetrum nigrum* var. *japonicum*
- ガンコウラン科

ガンコウラン

緑〜茶

漢字名	岩高蘭
花　期	6月
環　境	雪田、草地、低木林縁
分　布	北海道、本州（中部地方以北ほか）
大きさ	3〜8cm

高山帯に生える常緑矮性低木で、雪田周辺から湿った礫地、ハイマツ林縁などに広がって生える。葉は裏に巻き込み線形で、ツガザクラに似るが小さめ。梅雨時に咲く花は小さく目立たない。果実は直径7〜8mmで黒く熟す。

扇子を広げたような葉が独特の印象　8/3 白馬岳 　　花は直径約3mmで花弁はない

葉は7～9個の掌状脈がある

ハゴロモグサ

● *Alchemilla japonica*
● バラ科　ハゴロモグサ属

高山帯の岩礫地や風衝草地に生える。蛇紋岩や石灰岩など特殊な地質に局所的に分布する。花は萼片、副萼片と黄色い花盤がある。葉は独特の丸みを帯びた形で直径3～7cm。北極圏をルーツにもち個体数も限られた絶滅危惧種。

漢字名	羽衣草
花　期	7～8月
環　境	岩礫地、草地
分　布	夕張岳、白馬山系、北岳、赤石岳、荒川岳
大きさ	15～35cm
RDB	VU

緑～茶

白っぽいのが花弁で間が萼片

茎には腺毛がある　　多雪となる山域でしばしば見られる　7/30 夕張岳

- *Boykinia lycoctonifolia*
- ユキノシタ科　アラシグサ属

アラシグサ

漢字名	嵐草
花　期	7～8月
環　境	草地
分　布	北海道、本州（中部地方以北ほか）
大きさ	20～40cm

亜高山帯～高山帯の草地や林縁に生える。葉は掌状で縁は細かく切れ込み荒々しい。茎には腺毛が密生する。花は直径8mm程度で、白色を帯びた花弁は萼片より短いか、ほぼ同長。中央にある黄色の花盤が目立つ。

緑～茶

花序は 10〜20cm で下向き　6/7 八ヶ岳

萼片は直径1cm弱で白いのが花弁

トガスグリ　北八ヶ岳

トガスグリの花　星形は萼片

コマガタケスグリ

● *Ribes japonicum*
● ユキノシタ科　スグリ属

亜高山帯に生える落葉低木。沢沿いの林縁などに多い。葉はカエデに似るが互生。同属の**トガスグリ**は山地〜亜高山帯の林内、林縁、時に風衝礫地に生える落葉低木で 30〜60cm とより小さく、花は総状に数個つき直径5〜6mm。

漢字名	駒ヶ岳酸塊
花　期	6〜7月
環　境	林縁
分　布	北海道、本州、四国
大きさ	1〜2m

緑〜茶

タカネスイバ　北岳

タカネスイバの葉

初秋の大雪渓脇に咲いていた　9/11 白馬岳

- *Oxyria digyna*
- タデ科　マルバギシギシ属

マルバギシギシ

緑〜茶

漢字名	丸葉羊蹄
花　期	7〜9月
環　境	岩礫地、雪田
分　布	北海道、本州(北・南アルプス)
大きさ	10〜30cm

高山帯の湿った礫地に生える。雪田底や雪渓脇など極端に雪解けが遅く、8月に地表が現れる環境にも根を下ろす。腎形の葉から別名ジンヨウスイバ。同科の**タカネスイバ**は亜高山〜高山帯の草地に生え高さ30〜100cm。

岩場にはって枝をのばす　7/8 北岳

エゾタカネヤナギ

ミヤマヤナギ　至仏山

レンゲイワヤナギ

- *Salix nakamurana*
- ヤナギ科　ヤナギ属

高山帯の岩礫地に生える。葉は1〜4cmで先は丸い。別名タカネヤナギ。同属でよく似たエゾタカネヤナギは北海道に分布し若葉に長毛が密生。同属の**ミヤマヤナギ**（ミネヤナギ）は3mになる低木で葉は2〜9cm、先はややとがる。

漢字名	蓮華岩柳
花期	7月
環境	岩礫地
分布	本州（北・南アルプス、八ヶ岳）
大きさ	4〜10cm

緑〜茶

目のように見える萼は離れて平行

距は後方につき水平から下向き

最下の葉は大きく水平 　この仲間は花が千鳥のように見える　7/4 北岳

● *Platanthera mandarinorum* subsp. *ophrydioides*
● ラン科　ツレサギソウ属

キソチドリ

緑〜茶

漢字名	木曽千鳥
花　期	6〜7月
環　境	林内
分　布	本州(中部地方)
大きさ	8〜15 cm

亜高山帯の針葉樹林内に生える。鬱蒼としてコケむす環境に多く、分布、個体数ともこの仲間では割合多い。一番下の葉は水平につく。変種のオオキソチドリは高さ30〜50cmになり本州(日本海側)、北海道に分布する。

明るい草地に生える　7/28 爺ヶ岳

葯室はハの字型で上部で接近

最下の葉は斜め上向きにつく

緑～茶

タカネサギソウ

● *Platanthera mandarinorum* subsp. *maximowicziana*
● ラン科　ツレサギソウ属

亜高山～高山帯の草地に生える。稜線付近の草付きから湿地まで明るい環境に多い。キソチドリに似るが暗い林内の環境には生えない。後方にのびる距は下向きに長く湾曲する。最下の葉は斜め上向きにつく。葯室にも違いがある。

漢字名	高嶺鷺草
花　期	7～8月
環　境	草地
分　布	北海道、本州（中部地方以北）
大きさ	10～15 cm

距は長く1.5cmで水平より下向き

コバノトンボソウの花　　誰もいない静かな湿原に咲いていた　7/26 大雪山沼の原

- Platanthera tipuloides subsp. tipuloides var. sororia
- ラン科　ツレサギソウ属

ホソバノキソチドリ

緑〜茶

漢字名	細葉の木曽千鳥
花　期	7〜8月
環　境	草地、雪田
分　布	北海道、本州（中部地方以北ほか）
大きさ	10〜40cm

亜高山帯の湿った草地や湿原に生える。花の後ろにのびる距は長さ約1.5cmで水平から下向き。亜種の**コバノトンボソウ**は山野〜山地帯の湿原に生え、草丈や花の長さはほとんど同じだが、距は上向きに跳ね上がる。

背が高く豪壮な印象　8/17 白馬岳

唇弁も距も長さ約5〜7mm

ミヤマチドリ　白馬岳

シロウマチドリ

● *Platanthera hyperborea*
● ラン科　ツレサギソウ属

高山帯の草地に生え、高さ50cm以上になる。名の由来は白馬岳からだが、分布は広め。同属の**ミヤマチドリ**は北海道と本州中部地方以北の亜高山〜高山帯の草地や林縁に生え、高さ10〜25cmで唇弁は6〜7mm距は1〜3mm。

漢字名	白馬千鳥
花期	7〜8月
環境	草地
分布	北海道,本州(北・中央・南アルプス)
大きさ	20〜60cm
RDB	VU

緑〜茶

唇弁の長さは 3 〜 4 mm 先はとがる

ミヤマフタバランの花

タカネフタバランの花　　とびきり小さい　7/30 白馬岳

- *Listera cordata* var. *japonica*
- ラン科　フタバラン属

コフタバラン

緑〜茶

漢字名	小双葉蘭
花　期	7 〜 8 月
環　境	林内
分　布	北海道、本州（中部地方以北）
大きさ	4 〜 10 cm

亜高山帯の針葉樹林内に生える。名の由来は 2 枚の対生する葉から。同属の**ミヤマフタバラン**は高さ 10 〜 25 cm、**タカネフタバラン**は高さ 15 〜 20 cm で、双方とも亜高山帯の針葉樹林内に生え、唇弁 6 〜 8 mm と大きめ。

花は3cm前後

3〜6cmの葉が1枚根際につく

コイチヨウランの花は小さめ

森の天使のような姿。そっとしておきたい 6/6 八ヶ岳

緑〜茶

イチヨウラン

● *Dactylostalix ringens*
● ラン科 イチヨウラン属

山地〜亜高山帯の林内に生える。鬱蒼とした深い森に多い。名の由来は葉が1枚根際につくことから。同属の**コイチヨウラン**は亜高山帯の林床に生え高さ10〜20cm、花は2〜7個つき、2〜3cmの葉とともに、大きさ約1cmと小さめ。

漢字名	一葉蘭
花期	5〜7月
環境	林内
分布	北海道、本州、四国、九州
大きさ	8〜15cm

花は直径 1〜1.2 cm

タカネアオヤギソウ。花色は緑

リシリソウ　礼文島

山頂付近の草地にたくさん群生していた　7/6 至仏山

タカネシュロソウ

● *Veratrum maackii var. japonicum f. atropurpureum*
● ユリ科　シュロソウ属

漢字名	高嶺棕櫚草
花　期	7〜8月
環　境	草地
分　布	本州(谷川岳、至仏山、中部地方)
大きさ	20〜40 cm

高山帯の草地に生える。山野に生え、高さ1mになるシュロソウの品種で背が低い。名の由来は根元にあるシュロ毛状の繊維から。変種の**タカネアオヤギソウ**は花色が緑。同科の**リシリソウ**は7〜15 cmで花は約1.5 cm。

緑〜茶

大柄なので草地のなかで目立つ 8/3 北岳

花被片は長さ1〜1.5cm

白色の花 大雪山

バイケイソウ

- *Veratrum album* subsp. *oxysepalum*
- ユリ科　シュロソウ属

山野の林内〜高山帯の草地まで生える。高山帯の草地に生え、背が50〜80cm、花被片が1cmと小さいものをミヤマバイケイソウと区分することもある。花色は高山では緑色が、山地の林内では白色が多い印象を受ける。

漢字名	深山梅蕙草
花　期	7〜8月
環　境	草地、林内、林縁
分　布	北海道、本州、四国、九州
大きさ	50〜150cm

緑〜茶

内側には黄色の編み目模様

黄花品種**キバナノクロユリ**

北海道の湿原では花色が濃い　ミヤマクロユリとも呼ばれる　7/29 千畳敷

クロユリ

- *Fritillaria camtshatcensis*
- ユリ科　バイモ属

漢字名	黒百合
花　期	6～8月
環　境	草地
分　布	北海道、本州（月山、飯豊山、中部地方）
大きさ	12～50cm

亜高山～高山帯で丈の低い明るい草地や、時に雪田周辺にも生える。葉は茎の中ほどで3～5個が輪生する。花は茶色で大きさ約2.5cm。独特のにおいを発して花粉の媒介昆虫を引き寄せる。白花品種の代わりに黄花品種がある。

緑～茶

295

花は直径6〜7mmと小さい

オオバタケシマランの葉

針葉樹林など深い森の中でひっそりと咲く 7/5 至仏山　オオバタケシマランの花

タケシマラン

- *Streptopus streptopoides* subsp. *japonicus*
- ユリ科　タケシマラン属

主に亜高山帯の林内に生える。小さく地味な花が吊り下がる。果実は赤い球形で目立つ。同属の**オオバタケシマラン**は亜高山帯で日本海側の多雪地に生え、50〜100cmと大きめ。葉は幅広で茎を抱き、花も約1cmと大きめ。

緑〜茶

漢字名	竹縞蘭
花期	6〜7月
環境	林内
分布	本州（中部地方以北）
大きさ	20〜50cm

雄花のアップ

ヤマトユキザサ 三ッ峠　　落葉樹林の林床に多く地味 8/4 栂池

ヒロハユキザサ

- *Smilacina yesoensis*
- ユリ科　ユキザサ属

漢字名	広葉雪笹
花　期	6～7月
環　境	林内
分　布	本州(中部地方以北)
大きさ	40～60cm

亜高山帯の林内、林縁に生える。特にダケカンパ林など落葉広葉樹林に多い。茎や葉に毛はほとんどなく、花は雌雄異株で緑が多い。同属の**ヤマトユキザサ**は山地～亜高山に生え、高さ50～70cm。茎は毛深い。花は白色～緑白色。

緑～茶

花に関する名称

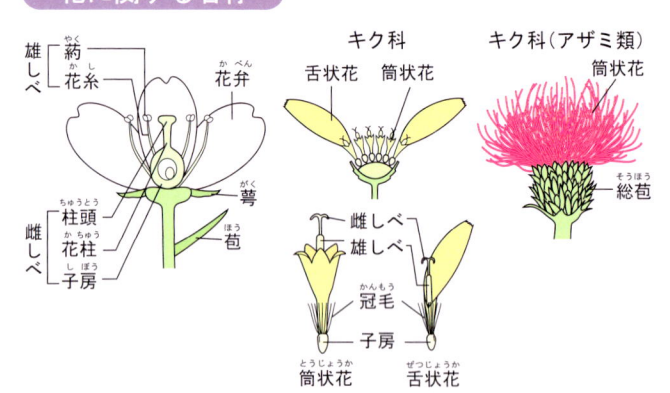

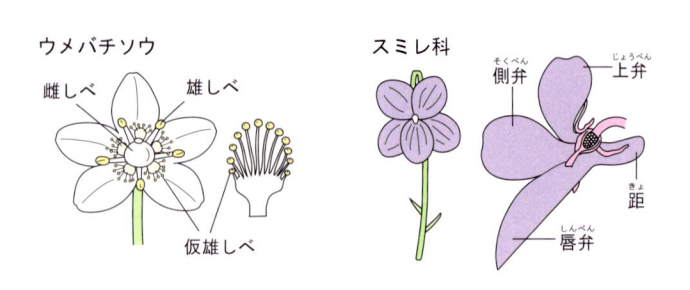

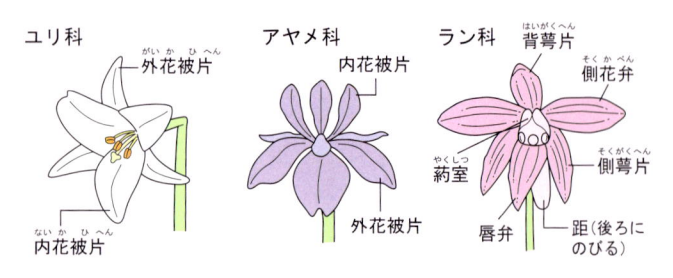

[花の基本構造]
- 雄しべ: 葯（やく）、花糸（かし）
- 花弁（かべん）
- 雌しべ: 柱頭（ちゅうとう）、花柱（かちゅう）、子房（しぼう）
- 萼（がく）
- 苞（ほう）

キク科
- 舌状花
- 筒状花
- 雌しべ
- 雄しべ
- 冠毛（かんもう）
- 子房
- 筒状花（とうじょうか）
- 舌状花（ぜつじょうか）

キク科（アザミ類）
- 筒状花
- 総苞（そうほう）

ウメバチソウ
- 雌しべ
- 雄しべ
- 仮雄しべ

スミレ科
- 側弁（そくべん）
- 上弁（じょうべん）
- 距（きょ）
- 唇弁（しんべん）

ユリ科
- 外花被片（がいかひへん）
- 内花被片（ないかひへん）

アヤメ科
- 内花被片
- 外花被片

ラン科
- 背萼片（はいがくへん）
- 側花弁（そくかべん）
- 葯室（やくしつ）
- 唇弁
- 側萼片（そくがくへん）
- 距（後ろにのびる）

花の形

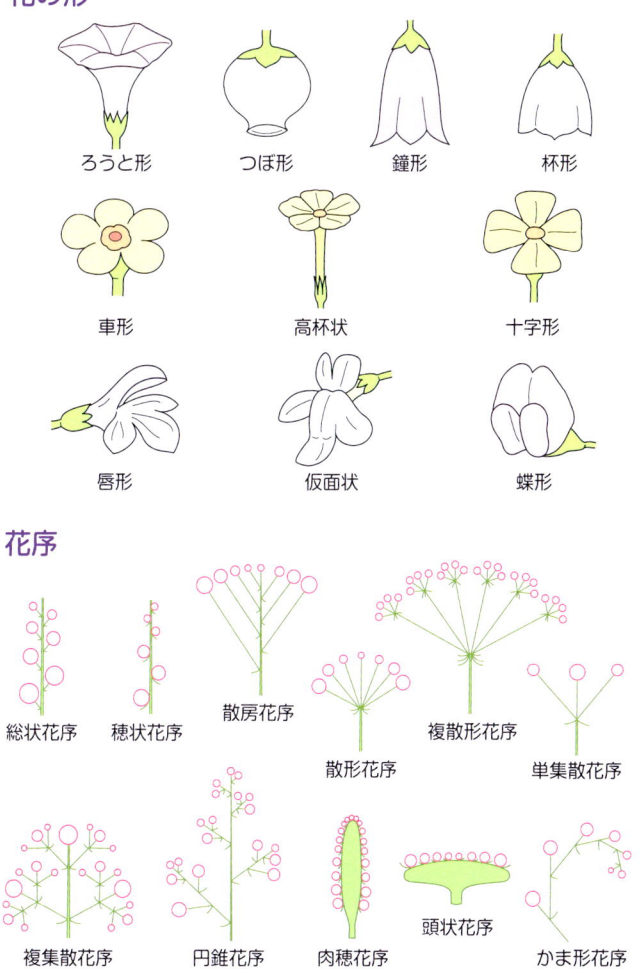

ろうと形　つぼ形　鐘形　杯形

車形　高杯状　十字形

唇形　仮面状　蝶形

花序

総状花序　穂状花序　散房花序　散形花序　複散形花序　単集散花序

複集散花序　円錐花序　肉穂花序　頭状花序　かま形花序

葉に関する名称

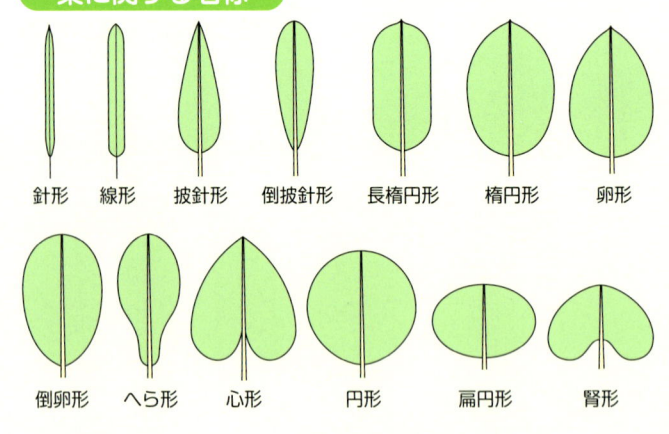

針形　線形　披針形　倒披針形　長楕円形　楕円形　卵形

倒卵形　へら形　心形　円形　扁円形　腎形

葉の先端の形

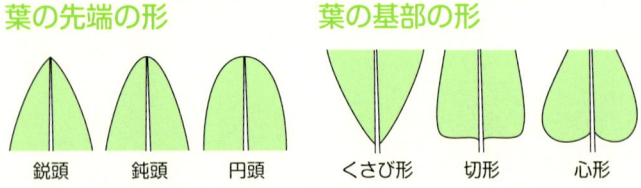

鋭頭　鈍頭　円頭

葉の基部の形

くさび形　切形　心形

葉の裂け方

浅裂　中裂　深裂　全裂

葉の縁の形

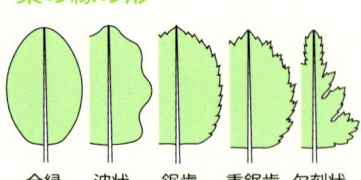

全縁　波状　鋸歯　重鋸歯　欠刻状

複葉

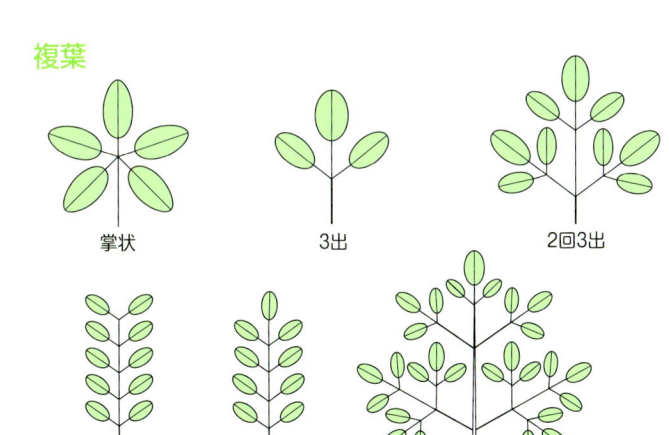

掌状　　3出　　2回3出

偶数羽状　　奇数羽状　　3回3出

葉のつき方

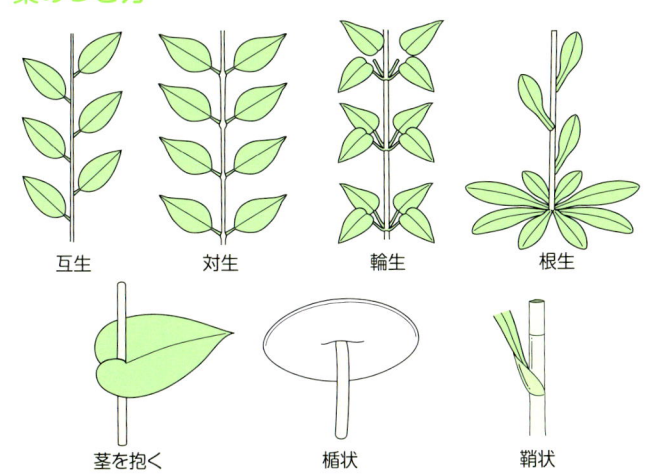

互生　　対生　　輪生　　根生

茎を抱く　　楯状　　鞘状

用語解説

一年草(いちねんそう) 春に種子から発芽して、夏から秋にかけて開花、結実し、冬になるまでには根も枯れてしまい種子だけがのこるもの。

越年草(えつねんそう) 秋に発芽して冬を越し、夏までに開花・結実すること。

二年草(にねんそう) 種子から発芽してその年には開花せず冬を越し、翌年開花して結実し、その年の冬までに根も枯れてしまい種子だけがのこるもの。

多年草(たねんそう) 根や地下茎が多年にわたって枯れずに生存し、毎年春に葉や茎を出し花を咲かせ、その年の秋には地上部が枯れるもの。

花穂(かすい) 花の穂のこと。小型の花が軸に多数つき、1本の穂状になる。

距(きょ) 萼や花弁の一部が細長くつき出し、袋状になった部分。蜜があることが多い。

托葉(たくよう) 葉柄のつけ根にある付属物のこと。葉状、鞘状、突起状、刺状など種類によって変化が多い。

腺点(せんてん) 葉の裏などにある粘液などを分泌するごく小さな孔のこと。

腺毛(せんもう) 先端部分が小球状にふくらんでいて液体を分泌する毛のこと。

鱗片葉(りんぺんよう) 普通の葉の形ではなく、退化してうろこ状になった葉のこと。

匍匐枝(ほふくし) 地表や浅い地中を横にのび、節から根と立ち上がる茎が出て株をつくる茎の1種。走出枝、ランナーともいう。

むかご 親個体の一部が分離して無性的繁殖することで子個体となることで、葉の付け根または花序に形成されることが多い。通常の種子繁殖に対し、栄養繁殖といい、同じクローン(遺伝子)である。

矮性低木(わいせいていぼく) 主幹は明瞭ではなく、根際または地上部で分枝。生活型では高さ30cm以下の樹木。

周北極要素(しゅうほっきょくようそ) 北極を中心に取り囲むように、北半球の寒帯(ツンドラ)から亜寒帯〜温帯の高山まで広く分布している植物種。日本の高山植物のルーツが多い。

分類群の階級 階層になっている。科>属>種>亜種>変種>品種。

高山の垂直分布

登山口から山頂へと登るとき、本州中部のアルプスでは標高1500〜1700mまでブナやミズナラを中心とした落葉広葉樹の森が中心となります。この植生帯を山地帯又はブナ帯と呼びます。

その上は常緑針葉樹林が中心の亜高山帯となり、安定した立地条件にはシラビソなど常緑針葉樹林、台風や山火事などで森が一度壊された二次林や、多雪による影響を受けやすい立地にはダケカンバなど落葉広葉樹林、沢沿いの草地など雪崩の影響を強く受ける立地には樹林が形成されず、背の高い草本類からなる「高茎草原」となります。

森林限界は本州中部では標高2500〜2800m、緯度が高い北海道では1500m前後となります。その上は背が高い高木が生育できない「高山帯」となります。

高山帯にはハイマツが生える「ハイマツ群落」、山頂や稜線の岩礫地の植生からなる「高山ハイデ及び風衝草原」、雪が遅くまで残る立地の植生からなる「雪田草原」、雪崩斜面にシナノキンバイなど広い葉をもつ草本類からなる「高山広葉草原」に区分されます。

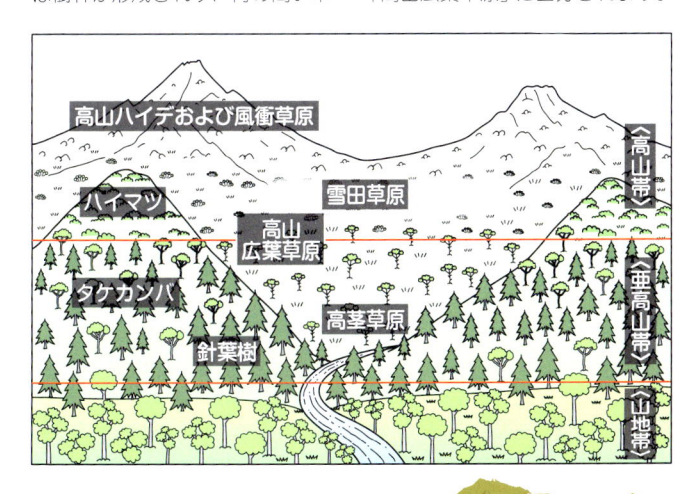

高山植物観察のポイントと注意

「あ、綺麗な花だな」と思ったらまず名前を調べて覚えましょう。できれば何科の何属かも覚えると、次に分からない植物と出会ったときに「これは○○と似ているから○○科だ」と比較検討しやすくなります。また、図鑑を普段からパラパラと見ることも予習となり、その場で調べるより効率が上がります。「次はこの植物を見てみたい」と夢や目標ができます。

不明な植物に遭遇したら、その場で図鑑を取り出して調べるのが覚えるコツです。図鑑に記述がある細部の特徴を実物と照らし合わせて確認できるからです。メモや細部を確認できるルーペもあれば良いでしょう。どうしても時間がないときはカメラで写真を撮っておきます。この時、全体の写真以外にアップで横から見た花や萼片、葉、茎の毛などの部分も撮影しておくと識別の補助になります。

持ち運ぶ図鑑はハンディサイズのもの1～2冊でも、家には卓上サイズを含め何冊かそろえておくと良いでしょう。

また、高山植物は登山しなければ観察できません。夏とはいえ3000m級の高峰はひとたび天候が急変すると10℃以下になり、風雨で濡れた体は急激に体温を奪われます。気軽な野山の散策とは異なり、念入りな計画準備、装備と気象判断、岩場通過など経験と技術、体力面の備えが求められます。

装備の面ではしっかりとしたザックに加え、ザックカバー、ゴアテックスの登山靴と雨具上下、化繊素材のTシャツにズボン（綿は濡れると体温を奪うので不可）、防寒着、帽子、水筒、非常食、救急薬品、日焼け止め、ヘッドランプ、予備電池、携帯トイレ、地図、コンパスなどが必要となります。キタダケソウの時期の北岳など雪渓がある場合、ピッケルにアイゼンも必要です。山の技術や経験を重ねるなど「登山力」をつけることは、安全登山を可能にするだけでなく、余裕ある高山植物観察も可能にしてくれます。

著者の使用装備の例

新井和也流 高山植物撮影テクニック

 「可憐に咲く高山植物を美しく撮影したい」という方のため、私流の撮影のテクニックを伝授します。

 デジタルカメラは普及とともに高性能化が進み、十分に実用的になっています。私も現在全ての撮影をデジタルカメラで行っていますが、基本的にコンパクトデジタルカメラ（コンデジ）は山に持って行くことはありません。お勧めはやはりデジタル一眼レフカメラ（デジイチ）です。一眼レフは重い！という方、最近のエントリー機は標準ズームレンズ込みでも700g程度からあります。

 花の写真、特に生態が分かる図鑑的なフレーミングや立体的なアップ撮影は、コンデジが苦手な分野の1つです。うまくピントが合わず、時間がかかったり、背景にピントが合ってしまったり。また特に近接撮影の場合、立体的な花のどこにピントを合わせたいかという意図にコンデジは難しい場合が多いのです。デジイチならば野外でも強い光学ファインダーがあり、細かいフォーカスポイントで意のままに狙ったポイントにピントを合わせて確認できるのでお勧めです。そして余裕のあるセンサーサイズのためか、特に高感度時などはノイズや解像度など同じ画素数でも、写真の質感はコンデジとは雲泥の差があります。私はフルサイズとAPS-Cサイズのボディ1台ずつ計2台を常に持ち歩き、それぞれの長所で使い分けています。

 次に標準ズームレンズですが、山岳風景、登山中の何気ないカットから植物の図鑑的な撮影まで1本でこなせる24～105mmのレンズを使用しています。

 図鑑写真の場合、ズームの望遠側（50～100mm程度）にして絞り込まなければ（f 5.6～8程度）植物体はシャープに、その他の背景はその場の雰囲気、周囲の植生が分かる程度にぼかせば主題が際だってきます。反対に状況にもよりますが主題が前面にあり目立つ場合は広角側を生かして（24～35mm程度）絞り込み（f11～16程度）背景を入れてみるのも雰囲気がでて良いでしょう。なお保護フィルターとフードは常にしています。レンズ単体で45cmまで寄れるので全体をフレーミングする撮影の場合、小さい被写体でない

限り大丈夫ですが、小型の植物の場合いよいよ専用マクロレンズの領域となります。

　次にぜひともそろえたいのが近接撮影を可能にするマクロレンズです。マクロには100mm程度の中望遠マクロもありますが、ボケ味を生かした芸術的な写真に加え、図鑑的なアップ撮影にも強いのは50mm程度の標準マクロとなります。私はレンズ単体で等倍まで引き寄せられ、なおかつ軽く、写りもシャープと評価が高いシグマの50mmを愛用しています。このレンズではほぼ全てマニュアルフォーカスで撮影しています。キヤノン純正のマクロリングライトを使っていますが、シグマの50mmに装着するためにレンズ先端にはアダプターとステップアップリングを装着してフード代わりにもしています。

　そして特に超アップの時、図鑑的なカットを撮影するのに必要なのがマクロリングライトです。周囲から均一に光りを回せるため、見にくい陰などがないキッチリとしたクローズアップ写真が撮影できます。その場合かなり絞り込むことになります(f22程度)。

　次に望遠ズーム。ロープが張ってあり、花まで遠い場合、踏み込んで撮影するのは避けたいもの。特に最近は携帯カメラやコンデジの普及で気軽に写真が撮れるようになったせいか、安易な踏み込みが以前より増して目につくようになりました。そのようなときでも望遠レンズがあれば心強いでしょう。もっともあえて踏み込んで撮影しなくとも、群落風景写真としてまとめたり、発想の転換次第でいくらでも良い写真は撮れます。私の場合200mmまでの望遠です。APS-Cサイズのカメラに装着した場合320mmになり不足を感じません。機動力を生かしたため、標準ズームレンズと共に明るいF2.8の大きく重いレンズではなく、F4の軽量かつ近接撮影も可能な手ぶれ補正内蔵レンズを使用しています。

　それに加えて寄りで広がりのある群落風景を撮影したい場合などに使う広角ズームレンズを使っています。16～24mmのレンジで上手く高山植物の群落風景をまとめるのは慣れないと難しいかもしれませんが、ここがセンスの見せどころです。

　フィルムから高感度撮影に強い

デジタルに切り替わり、三脚は使う機会が減りましたが、特殊なケースを除き基本的には持って行きます。撮影に時間がかかりロスがあること、アングルの自由度が損なわれる、時に三脚を立てると植生にダメージを与えてしまうことなどから、極力三脚は使いません。軽量なカーボンファイバー製のものを使います。また標準と望遠ズームは手ぶれ補正が内蔵されたレンズであり、広角の方が絞り込んで撮影することが多いため、広角レンズでの撮影の方が三脚を使って撮影する機会が多くなっています。

ロープを越えずに望遠レンズで撮影

本書の撮影のため使用した主な機材

デジタル一眼レフカメラ
　CANON EOS-5D Mark Ⅱ
　EOS50D

レンズ
　シグマ 50mm Macro EX DG
　CANON EF16-35mm f2.8L Ⅱ
　CANON EF24-70mm f4L IS
　CANON EF70-200mm f4L IS

リングストロボ
　CANON MR14EX

三脚
　GITZO G1228+ ベルボン自由雲台

レッドリストと盗掘問題

　植物には分布や個体数が限られた希少植物があります。高山植物は元々北極圏など高緯度地域に生息していた種が氷河期に陸続きになった大陸から日本へ渡り、やがて氷河期の終わりとともに、気候が似ている高山へ逃げ込み遺存的に生きのびている種も多く、隔離分布している例も少なくなく、なかには個体数が少なく絶滅の機危険性がある種や、絶滅の危機に瀕していると言っても過言でない種もあります。

　どの種がどのくらい希少で、絶滅の危険性はどのくらいなのか、それを知る1つの基準として環境省のレッドリストがあります。正式名は「絶滅のおそれのある野生生物の種のリスト」で、維管束植物についての第4次レッドリストが2014年に発表されました。本書でもこのリストに基づいて、図鑑ページの解説にカテゴリーを記してあります。

　絶滅の危険性の要因としては産地局限、園芸採集、自然遷移、開発などありますが、とりわけ高山で人間による影響が最も大きいのは園芸採集、つまり盗掘となります。ラン科植物を始め、キタダケソウなど美しい花を咲かせる種が対象となります。

　高山植物が生える高山は国立公園や国定公園の特別地区や天然記念物に指定されている場所が多く、原則無許可の採集はできません。

　しかしながら現状ではホテイアツモリなど端的な例ですが、確信犯的な盗掘により自生地では絶滅寸前という山域もある一方、園芸

環境省版レッドリストのカテゴリー

絶滅危惧Ⅰ類（CR+EN）	絶滅危惧1A類（CR）計519種	絶滅の危機に瀕している種（ごく近い将来における野生での絶滅の危険性が極めて高いもの）
	絶滅危惧1B類（EN）計519種	絶滅の危機に瀕している種（1A類ほどではないが、近い将来における野生での絶滅の危険性が高いもの）
絶滅危惧Ⅱ類（VU）計741種		絶滅の危険が増大している種
準絶滅危惧（NT）計297種		現時点での絶滅危険度は小さいが、生息条件の変化によっては「絶滅危惧」に移行する可能性のある種

店やネット上では高値で流通されていたりする種もあります。

　盗掘を発見したら注意したり通報するように心がけるとともに、違法なネット流通、オークションなども関係機関に通報するようにしましょう。また、山野草を売っていても希少種、絶滅危惧種の安易な購入は、自生地でのさらなる採集圧を招くので控えましょう。

　「高山植物は、厳しい自然環境の野生に咲いてこそ美しく、後世に残すべき遺産であると同時に、国民全員で愛でる大切な共有財産である」と私は信じています。

　高山植物を盗掘から守るため、一人一人がこのような認識をもち続けたいものです。

希少植物保護のため、事前学習、主催者同行形式の「モニター登山」以外は原則入山禁止となっている夕張山地・崕山。参加者は保護政策を学びながら、希少種を見ることができる。参加希望には芦別市HPで確認して要申し込み

盗掘防止の案内板。デジタルカメラで看板ごと撮影しておくと連絡先電話番号のメモにもなり有効

アポイ岳に設置されている盗掘防止の監視カメラ。抑止力として効果は絶大

シカ食害問題

近年、全国各地で増えすぎたシカによる生態系への過度の食圧＝食害が報告されています。シカはもともと山麓の草地に生息する動物でした。それが最近は深山や高山へと生息域を拡大しています。シカ増加の主な原因は、

・オオカミの絶滅
　天敵であるオオカミが絶滅したことにより、生態系バランスのなかでシカの頭数を抑える捕食者がいなくなった。
・ハンターの減少
　シカは狩猟しても安定した収入になりにくく、ハンターのなり手がいない。高齢化も進み、引退する人が多く狩猟人口が減少している。
・温暖化の影響
　シカが4本足で立った時、胸より積雪が多いと動きが鈍くなり、死亡率が高くなるとされる。冬に積雪が減り淘汰されるはずのシカも減らない。

高山でも南アルプス、八ヶ岳、尾瀬、夕張山地、大雪山、知床山地などで被害の報告が相次ぎ、特に南アルプスは最も深刻な状況です。

以前は南部に局所的だった食害ですが、最近は全域に拡大。北岳はこれまで食害が軽微でしたが、最近は中腹のダケカンバ疎林状の植生から目立ち始めました。シカは警戒心が強く、登山道沿いなど目立つお花畑では夜間や夏山シーズン前に摂食しています。しかし登山道から見えないお花畑ではさらにひどい芝生状態で、かろうじて残っていた希少植物のホテイアツモリも食べられて消えてしまいました。

シカはカモシカと違い急峻な地形は苦手です。そのため中腹の草地やダケカンバ疎林から進出し、山頂付近の岩礫地には遅れていますが、個体数の増加にともない稜線付近まで上がり始めました。南アルプスはキタダケソウやタカネマンテマをはじめ固有の希少高山

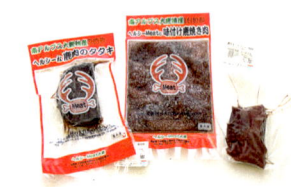

ヘルシーミート大鹿の食肉。処理場で適切に食肉生産されたシカ肉は、栄養バランスが良く美味しい。

植物が多く、今後食害が拡大したらこのような貴重な氷河期からの生き残りは壊滅的な被害を受けることが危惧されます。

　ハンターのなり手がいないのなら需要を喚起して、捕獲圧を高める動きもあります。ヨーロッパではシカ肉は「ジビエ料理」として高級食材なのです。北海道をはじめ、南アルプス周辺でも捕獲したシカを食肉加工する処理場ができはじめ、食肉として流通し始めました。しかし現状は捕獲頭数を上回る個体数の増加と、高齢化が進んだハンターが、山麓から離れた高山でシカを撃って運び下ろすのは困難なことから、新たな、抜本的な対策が求められています。

シカ食害前
北岳右俣コース
2001年7月18日
シナノキンバイやミヤマキンポウゲ、セリ科植物など多種多様な植物相を誇るお花畑だった。

シカ食害後
同所
2009年7月14日
シカが好まないバイケイソウを除いて食べられ芝生状態になってしまった。

温暖化問題

近年、地球温暖化の影響が高山植生に与える影響が指摘されています。日本の高山植物の多くは氷河期に陸続きになった北極圏から渡ってきた植物たちがルーツとなっています。氷河期の終わりとともに、気候が似ている高山に追われ、分布は山域ごとに分断され、細々と生きのびてきました。

将来、温暖化が進み森林限界が上昇し高山帯がなくなってしまうと高山植物たちは絶滅してしまうかもしれません。

また人類の活動による温暖化は急激なことから、植生への影響の大きさも指摘されています。大雪山では多量の積雪と、遅い雪解け時期の場所に成立する雪田草原の植物群落が、雪解け時期が早まることにより、乾燥化が進みササがふえるなど植生の変化も研究の結果で明らかになってきました。

現在、日本の高山植生で最も危機的な状況に置かれている山は、北海道日高山地のアポイ岳だと言われています。かんらん岩という特殊な地質によって標高わずか810mの山に高山植物が生えています。また地質に由来する固有種の割合が非常に高い「花の名山」の1つです。最近、アポイ岳で高山植物たちを育む高山草原が、周囲からのびるハイマツなど樹木に圧倒されていることが、植生図からも明らかになっています。

固有種ヒダカソウはかつての大量盗掘の受難後、監視カメラを導入するなど対策をとり、盗掘は減少しましたが個体数は回復せず、盗掘の影響を受けていない個体も衰退傾向にあることから温暖化の影響が指摘されています。最も近い浦河観測所では100年間で気温が1℃上昇しています。

温暖化問題は地球規模の問題であり、解決は容易ではありませんが、私たちにできることから始め、意識を高くもって、社会全体で低炭素社会を目指す気持ちが大切かも知れません。将来に豊かな生態系を残すために。

ヒダカソウ
アポイ岳の固有種絶滅危惧ⅠA類
個体数が激減し絶滅の危機に瀕している。

アポイ岳5合目から上部を見上げる　1968年

1992年同じ地点で。樹林が成長しているのがわかる。(写真提供／アポイ岳ファンクラブ)

索　引

●ア行●

アイヌタチツボスミレ	214
アオノツガザクラ	41
アカイシリンドウ	266
アカモノ	48
アサマブドウ	209
アズマシャクナゲ	46
アズマレイジンソウ	103
アツモリソウ	235
アポイアザミ	183
アポイアズマギク	17
アポイカラマツ	173
アポイキンバイ	159
アポイクワガタ	257
アポイゼキショウ	124
アポイタチツボスミレ	214
アポイツメクサ	109
アポイハハコ	16
アポイマンテマ	116
アポイヤマブキショウマ	79
アラシグサ	283
アリドオシラン	122
イイデリンドウ	267
イソツツジ	35
イチヨウラン	292
イブキジャコウソウ	195
イブキトラノオ	234
イブキフウロ	216
イブキボウフウ	61
イワアカバナ	213
イワイチョウ	30
イワインチン	142
イワウメ	51
イワオウギ	69
イワオトギリ	158
イワカガミ	212
イワギキョウ	247
イワシモツケ	78
イワシャジン	249
イワショウブ	126
イワツメクサ	113
イワテトウキ	55
イワヒゲ	43
イワブクロ	254
イワベンケイ	165
ウコンウツギ	150
ウサギギク	136
ウスノキ	210
ウスバスミレ	64
ウスユキトウヒレン	186
ウズラバハクサンチドリ	237
ウツボグサ	259
ウメハタザオ	90
ウラシマツツジ	38
ウラジロキンバイ	161
ウラジロタデ	117
ウラジロナナカマド	77
ウラジロヨウラク	206
ウルップソウ	253
エゾイワツメクサ	113
エゾウサギギク	136
エゾオオサクラソウ	200
エゾヤマノエンドウ	217
エゾカワラナデシコ	230
エゾキスミレ	157
エゾコウゾリナ	147
エゾコザクラ	196
エゾゴゼンタチバナ	52
エゾシオガマ	28
エゾタカネスミレ	154
エゾタカネツメクサ	105
エゾタカネニガナ	144
エゾタカネヤナギ	286
エゾツツジ	204
エゾネギ	245
エゾノツガザクラ	202
エゾノハクサンイチゲ	99
エゾノリュウキンカ	175
エゾハハコヨモギ	20
エゾヒメクワガタ	258
エゾミヤマツメクサ	106
エゾムカシヨモギ	18
エゾリンドウ	270
エゾルリソウ	262
エゾルリトラノオ	255
エゾルリムラサキ	261
オオイワインチン	142
オオカサモチ	60
オオカラマツ	172
オオキソチドリ	287

314　＊太字は写真掲載種、細字は別名や文中紹介種です。

オオコメツツジ	47	
オオサクラソウ	200	
オオタカネバラ	223	
オオツガザクラ	41	
オオツリバナ	279	
オオバスノキ	210	
オオバタケシマラン	296	
オオハナウド	54	
オオバミゾホオズキ	152	
オオヒョウタンボク	25	
オオヒョウタンボク	189	
オオヒラウスユキソウ	12	
オオビランジ	231	
オオレイジンソウ	103	
オガラバナ	280	
オクキタアザミ	187	
オクヤマガラシ	92	
オサバグサ	93	
オゼコウホネ	176	
オゼソウ	123	
オタカラコウ	139	
オニシモツケ	74	
オニシモツケ	220	
オノエイタドリ	119	
オノエラン	121	
オノエリンドウ	271	
オヤマソバ	118	
オヤマノエンドウ	217	
オヤマリンドウ	270	
オンタデ	117	

● **カ行** ●

カイタカラコウ	140	
カキツバタ	276	
カトウハコベ	109	
カニコウモリ	24	
カライトソウ	222	
カラフトゲンゲ	218	
カラフトハナシノブ	263	
カラフトマンテマ	116	
カラマツソウ	96	
カワラマツバ	151	
ガンコウラン	281	
ガンジュアザミ	183	
カンチコウゾリナ	146	
キオン	137	
キクバクワガタ	257	
キソチドリ	287	
キタザワブシ	275	
キタダケキンポウゲ	171	
キタダケソウ	95	
キタダケトリカブト	275	
キタダケヨモギ	21	
キタヨツバシオガマ	191	
キヌガサソウ	131	
キバナシオガマ	153	
キバナシャクナゲ	45	
キバナノアツモリソウ	121	
キバナノカワラマツバ	151	
キバナノクロユリ	295	
キバナノコマノツメ	155	
キリギシソウ	95	

キレハノハクサンボウフウ	56	
キンコウカ	177	
キンレイカ	149	
キンロバイ	162	
クガイソウ	256	
クチバシシオガマ	191	
クモイザクラ	199	
クモマキンポウゲ	171	
クモマグサ	80	
クモマスミレ	154	
クモマナズナ	89	
クモマミミナグサ	110	
クモマユキノシタ	83	
クルマユリ	243	
クロウスゴ	208	
クロクモソウ	225	
クロツリバナ	279	
クロトウヒレン	186	
クロマメノキ	209	
クロミツバメモドキ	129	
クロユリ	295	
ケヨノミ	150	
コイチヨウラン	292	
コイワカガミ	212	
コウメバチソウ	86	
コエゾツガザクラ	202	
コオニユリ	243	
コガネイチゴ	73	
コカラマツ	172	

コキンレイカ	149	シコタンハコベ	114	シロバナミヤマアズマギク	179
コケコゴメグサ	27	シシウド	53	シロモノ	49
コケモモ	207	シソバキスミレ	63	ジンヨウイチヤクソウ	50
ゴゼンタチバナ	52	シナノオトギリ	158	ジンヨウキスミレ	157
コツマトリソウ	34	シナノキンバイ	174	ジンヨウスイバ	285
コバイケイソウ	127	シナノナデシコ	230		
コバノイチヤクソウ	50	シナノヒメクワガタ	258	ズダヤクシュ	87
コバノコゴメグサ	27	シブツアサツキ	245		
コバノトンボソウ	289	ジムカデ	44	セイカクロクモソウ	225
コフタバラン	291	シモツケソウ	220	セリバオウレン	102
コマウスユキソウ	14	シャジクソウ	219	セリバシオガマ	29
コマガタケスグリ	284	ジョウエツキバナノコマノツメ	155	センジュガンピ	115
コマクサ	226	ジョウシュウアズマギク	179	センジョウアザミ	181
コミヤマカタバミ	65	ジョウシュウオニアザミ	182	ゼンテイカ	178
コミヤマハンショウヅル	229	ショウジョウバカマ	242		
コメバツガザクラ	42	シラタマノキ	49	● タ行 ●	
コモチミミコウモリ	24	シラネアオイ	228	タイツリオウギ	67
コヨウラクツツジ	206	シラネニンジン	57	ダイニチアザミ	182
		シレトコスミレ	63	ダイモンジソウ	85
● サ行 ●		シロウマアサツキ	245	タカネアオヤギソウ	293
サギスゲ	133	シロウマオウギ	66	タカネイブキボウフウ	61
サクラソウモドキ	201	シロウマタンポポ	143	タカネオミナエシ	148
サマニオトギリ	158	シロウマチドリ	290	タカネキンポウゲ	171
サマニユキワリ	198	シロウマナズナ	88	タカネグンナイフウロ	272
サマニヨモギ	22	シロウマリンドウ	31	タカネグンバイ	91
サラシナショウマ	104	シロバナタカネビランジ	231	タカネコウリンカ	138
サワラン	241	シロバナチシマギキョウ	246	タカネサギソウ	288
サンカヨウ	94	シロバナトウウチソウ	75	タカネザクラ	224
サンプクリンドウ	265	シロバナノビネチドリ	240	タカネシオガマ	193
サンリンソウ	100	シロバナヘビイチゴ	72	タカネシュロソウ	293
		シロバナホテイラン	236	タカネスイバ	285
シコタンソウ	81			タカネスミレ	154

*太字は写真掲載種、細字は別名や文中紹介種です。

タカネツメクサ	105	チシマザクラ	224	トモエシオガマ	194
タカネトウウチソウ	75	チシマゼキショウ	124		
タカネナデシコ	230	チシマセンブリ	264	●ナ行●	
タカネナナカマド	76	チシマツガザクラ	39	ナエバキスミレ	156
タカネニガナ	144	チシマツメクサ	111	ナガハキタアザミ	187
タカネバラ	223	チシマノキンバイソウ	174	ナガバツガザクラ	40
タカネヒゴタイ	185	チシマヒョウタンボク	189	ナンブイヌナズナ	167
タカネビランジ	231	チシマフウロ	216, 272	ナンブトラノオ	233
タカネフタバラン	291	チチブリンドウ	265		
タカネマツムシソウ	251	チョウカイアザミ	184	ニッコウキスゲ	178
タカネママコナ	190	チョウカイフスマ	108	ニョホウチドリ	238
タカネマンテマ	232	チョウジギク	135		
タカネミミナグサ	111	チョウジコメツツジ	47	ネバリノギラン	132
タカネヤナギ	286	チョウノスケソウ	70	ネムロコウホネ	176
タカネヤハズハハコ	16	チングルマ	71	ネムロシオガマ	29
タカネヨモギ	22			ネモトシャクナゲ	46
タカネリンドウ	31	ツガザクラ	40		
タケシマラン	296	ツクモグサ	101	ノウゴウイチゴ	72
タテヤマアザミ	180	ツバメオモト	129	ノギラン	132
タテヤマイワブキ	83	ツマトリソウ	34	ノビネチドリ	240
タテヤマウツボグサ	259	ツリガネニンジン	250		
タテヤマキンバイ	163	ツルコケモモ	205	●ハ行●	
タテヤマリンドウ	268			ハイオトギリ	158
タニマスミレ	215	テガタチドリ	239	バイケイソウ	127, 294
タルマイソウ	254	テシオソウ	123	ハイツメクサ	108
				ハクサンイチゲ	99
チシマアザミ	183	トウゲブキ	140	ハクサンオミナエシ	149
チシマアマナ	128	トウヤクリンドウ	32	ハクサンコザクラ	196
チシマイワブキ	83	トガクシショウマ	227	ハクサンシャクナゲ	46
チシマギキョウ	246	トガスグリ	284	ハクサンシャジン	250
チシマキンレイカ	148	トキソウ	241	ハクサンチドリ	237
チシマクモマグサ	80	トチナイソウ	34	ハクサンフウロ	216

ハクサンボウフウ	56	ヒメシャジン	248	●マ行●	
ハクホウナズナ	89	ヒメセンブリ	266	マイヅルソウ	130
ハクロバイ	162	ヒメホテイラン	236	マツムシソウ	251
ハゴロモグサ	282	ヒメマイヅルソウ	130	マルバギシギシ	285
ハッポウウスユキソウ	15	ヒメミヤマウズラ	122	マルバシモツケ	78
ハッポウタカネセンブリ	264	ヒロハユキザサ	297	マルバダケブキ	141
ハナニガナ	145				
ハハコヨモギ	19	フイリミヤマスミレ	215	ミソガワソウ	260
ハヤチネウスユキソウ	12	フキユキノシタ	82	ミチノクコザクラ	196
ハリブキ	278	フギレオオバキスミレ	156	ミツガシワ	30
		フジアザミ	184	ミツバオウレン	102
ヒオウギアヤメ	276	フジハタザオ	90	ミツバノバイカオウレン	102
ヒダカイワザクラ	199			ミネウスユキソウ	15
ヒダカソウ	95	ベニバナイチゴ	221	ミネカエデ	280
ヒツジグサ	176	ベニバナイチヤクソウ	211	ミネザクラ	224
ヒナウスユキソウ	13	ベニバナミネズオウ	37	ミネズオウ	37
ヒナザクラ	33			ミネヤナギ	286
ヒナリンドウ	31	ホウオウシャジン	249	ミミコウモリ	24
ヒメアカバナ	213	ホソバイワベンケイ	165	ミヤマアカバナ	213
ヒメイソツツジ	35	ホソバウルップソウ	253	ミヤマアキノキリンソウ	134
ヒメイチゲ	100	ホソバツメクサ	107	ミヤマアケボノソウ	277
ヒメイワショウブ	125	ホソバトウキ	55	ミヤマアズマギク	179
ヒメイワタデ	119	ホソバトリカブト	274	ミヤマイワニガナ	145
ヒメウスユキソウ	14	ホソバノキソチドリ	289	ミヤマウイキョウ	62
ヒメウメバチソウ	86	ホソバハナウド	54	ミヤマウスユキソウ	13
ヒメエゾネギ	245	ホソバヒナウスユキソウ	13	ミヤマオグルマ	137
ヒメカラマツ	173	ボタンキンバイ	174	ミヤマオダマキ	273
ヒメクワガタ	258	ホツツジ	36	ミヤマオトコヨモギ	23
ヒメコザクラ	33	ホテイアツモリ	235	ミヤマカラマツ	97
ヒメゴヨウイチゴ	73	ホテイラン	236	ミヤマキンバイ	159
ヒメサユリ	244			ミヤマキンポウゲ	170
ヒメシャクナゲ	203			ミヤマクルマバナ	259

ミヤマクワガタ	257	
ミヤマコウゾリナ	147	
ミヤマコウゾリナ	146	
ミヤマコゴメグサ	27	
ミヤマサワアザミ	183	
ミヤマシオガマ	192	
ミヤマシウド	53	
ミヤマシャジン	248	
ミヤマスミレ	215	
ミヤマセンキュウ	58	
ミヤマゼンコ	59	
ミヤマダイコンソウ	164	
ミヤマダイモンジソウ	85	
ミヤマタネツケバナ	92	
ミヤマタンポポ	143	
ミヤマチドリ	290	
ミヤマツボスミレ	64	
ミヤマツメクサ	106	
ミヤマトウキ	55	
ミヤマトリカブト	274	
ミヤマバイケイソウ	294	
ミヤマハタザオ	91	
ミヤマハナシノブ	263	
ミヤマハンショウヅル	229	
ミヤマフタバラン	291	
ミヤマホツツジ	36	
ミヤマママコナ	190	
ミヤマママンネングサ	166	
ミヤマミミナグサ	112	
ミヤマムラサキ	261	
ミヤマヤナギ	286	
ミヤマヤマブキショウマ	79	
ミヤマリンドウ	269	
ミヤマワレモコウ	222	
ムカゴトラノオ	120	
ムカゴユキノシタ	84	
ムシトリスミレ	252	
ムラサキタカネリンドウ	31	
ムラサキモメンヅル	219	
メアカンキンバイ	160	
メアカンフスマ	108	
メオトバナ	188	
メタカラコウ	139	
モミジカラマツ	98	

● ヤ行 ●

ヤツガタケキスミレ	154	
ヤツガタケタンポポ	143	
ヤツタカネアザミ	181	
ヤマガラシ	168	
ヤマトユキザサ	297	
ヤマハナソウ	82	
ヤマブキショウマ	79	
ヤマルリトラノオ	255	
ユウバリアズマギク	17	
ユウバリアズマギク	179	
ユウバリキンバイ	160	
ユウバリコザクラ	197	
ユウバリソウ	26	
ユウバリツガザクラ	202	
ユキアザミ	180	
ユキバトウヒレン	186	
ユキバヒゴタイ	185	
ユキワリソウ	197	
ヨツバシオガマ	191	

● ラ行 ●

リシリオウギ	68	
リシリソウ	293	
リシリヒナゲシ	169	
リシリリンドウ	267	
リュウキンカ	175	
リンネソウ	188	
レブンアツモリソウ	121	
レブンウスユキソウ	15	
レブンコザクラ	198	
レブンシオガマ	191	
レブンソウ	218	
レンゲイワヤナギ	286	

● ワ行 ●

ワタスゲ	133	

著者紹介

新井和也（あらい かずや）

1971年、神奈川県生まれ。高校時代から山岳部で登山を始め、大学では農学部に在籍し、冬山や岩登りと同時に、植物社会学などを学ぶ。編集プロダクション、植生調査などを経て2000年頃から山岳、自然科学分野で撮影、取材執筆活動を続ける。現在、オールラウンドに登山活動を行うかたわら、高山植物、温暖化・シカ食害問題の取材撮影も行うフォトグラファー・ジャーナリストとして活動。温暖化問題をきっかけに太陽光発電システムを導入してブログでも発信している（http://araikazuya.blog97.fc2.com/）。
著書に『高山植物ハンディ図鑑』（小学館）、『八ヶ岳・霧ヶ峰植物手帳』（JTBパブリッシング）など。ほかに『山と渓谷』『岳人』『ナショナル・ジオグラフィック』など山岳・自然科学系媒体を始め、週刊誌、広告などに掲載。記事発表など多数。

◎協力　アポイ岳ファンクラブ
◎イラスト　ニシ工芸株式会社
◎デザイン・組版　鈴木宏美

ポケット図鑑
日本の高山植物 400

2010年6月30日　初版第1刷発行
2024年3月31日　初版第5刷発行

著　者　新井和也
発行者　斉藤博
発行所　株式会社 文一総合出版
〒162-0812　東京都新宿区西五軒町2-5
電　話　03-3235-7341
ＦＡＸ　03-3269-1402
郵便振替　00120-5-42149
印刷・製本　奥村印刷株式会社

©Chizuru Arai 2010
ISBN978-4-8299-0118-2　Printed in Japan

JCOPY ＜(社)出版者著作権管理機構 委託出版物＞ 本書の無断複写は著作権法上での例外を除き禁じられています。複写される場合は、そのつど事前に、(社)出版者著作権管理機構 (電話 03-3513-6969、FAX 03-3513-6979、e-mail : info@jcopy.or.jp) の許諾を得てください。

この本の使い方

　山菜というと山里のものと思われる方も多いと思います。しかし、意外にも身近で、ふだんは気にも留めない植物が、山菜として利用できるのです。自然を楽しむ方法はいろいろあり、山菜摘みもそのひとつです。野の味を知ることで、改めて身の回りの自然に目を向ける機会をつくってください。本書では約160種類の山菜と、注意すべき約30種類の毒草を紹介しています。山菜は生育環境ごとに章分けし、さらに植物分類（科）ごとに分かれています。ページの肩に章を表すインデックスを、データ部にその植物の分類（科）を示してあります。種名の下欄には別名や地方名を紹介しています。

図鑑ページの解説

写真
メイン写真は旬の時期のものを使用しました。サブ写真はその植物の別の季節の姿や近似種、料理見本です。

ワンポイント
著者からの一言アドバイスです。

見分け方のポイント
山菜となる植物の基本的な情報（生育場所、特徴など）を分かりやすく解説しています。

下ごしらえと料理方法
主な料理とその調理手順、工夫や注意点を紹介しています。

採り方
山菜を採取する上での工夫や注意点などを紹介しています。

植物の各部名称
花のつくり

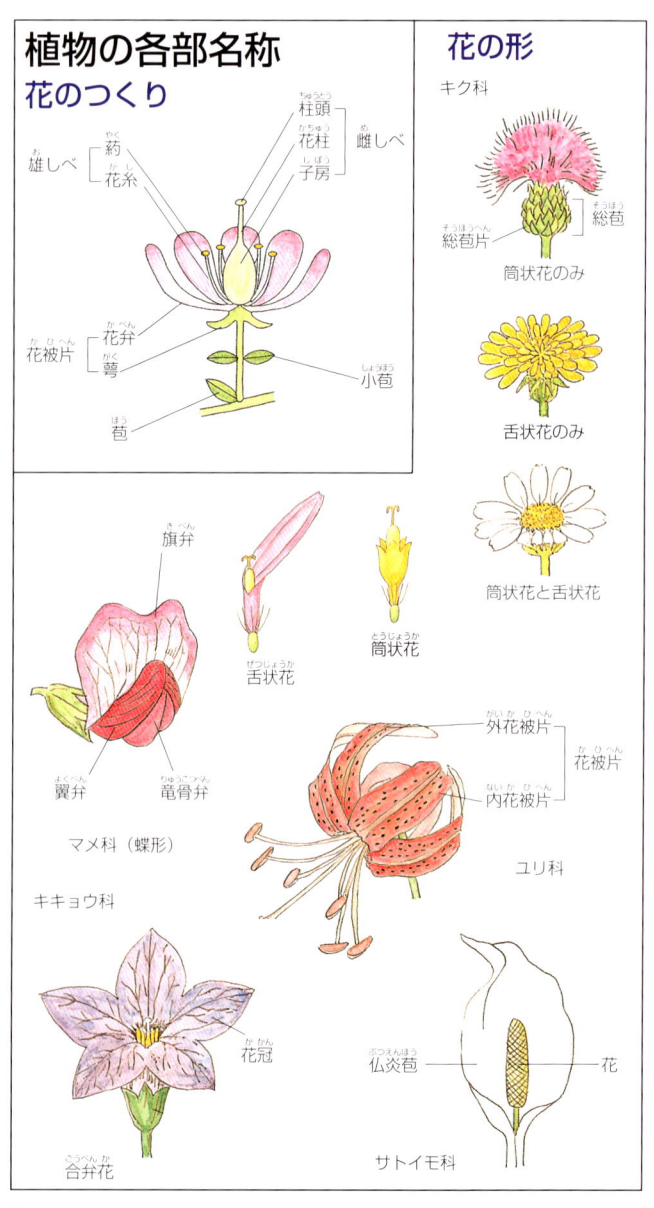

雄しべ { 葯 / 花糸

雌しべ { 柱頭 / 花柱 / 子房

花被片 { 花弁 / 萼

小苞

苞

花の形

キク科

総苞片 — 総苞

筒状花のみ

舌状花のみ

筒状花と舌状花

旗弁

舌状花

筒状花

翼弁　竜骨弁

マメ科（蝶形）

外花被片 ┐ 花被片
内花被片 ┘

ユリ科

キキョウ科

花冠

合弁花

仏炎苞 — 花

サトイモ科

花序の形

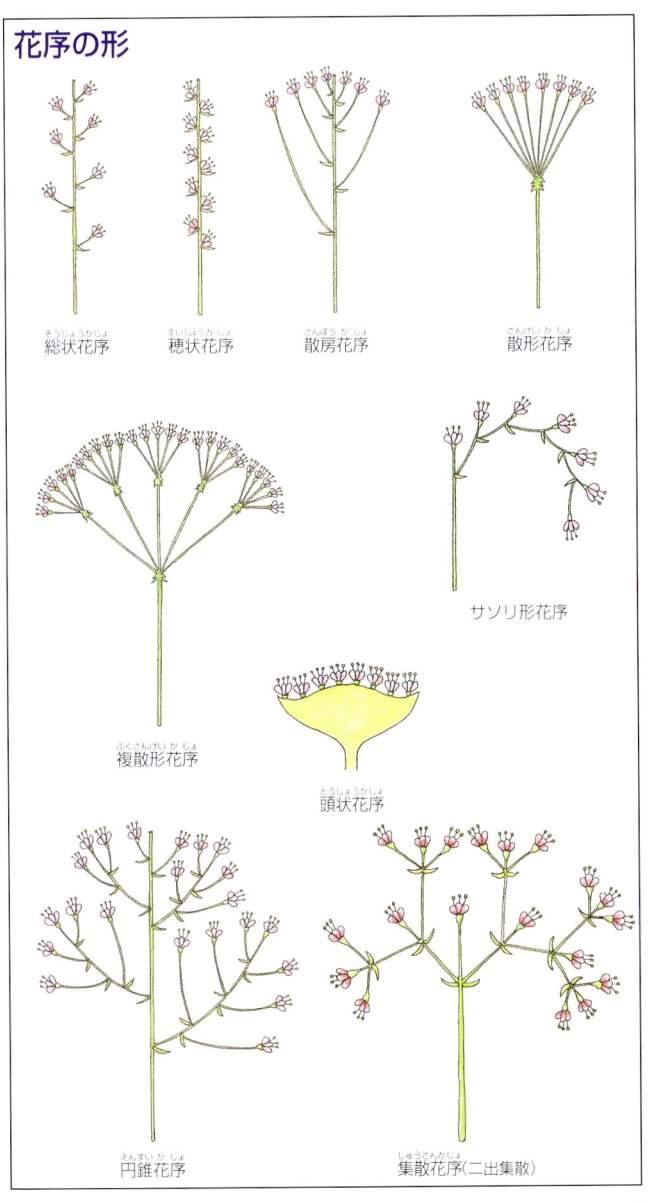

総状花序 (そうじょうかじょ)

穂状花序 (すいじょうかじょ)

散房花序 (さんぼうかじょ)

散形花序 (さんけいかじょ)

複散形花序 (ふくさんけいかじょ)

サソリ形花序

頭状花序 (とうじょうかじょ)

円錐花序 (えんすいかじょ)

集散花序(二出集散) (しゅうさんかじょ)

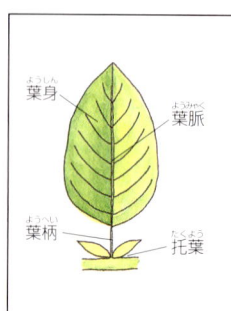

葉の基部の形

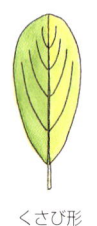

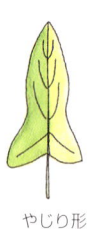

葉身 / 葉脈 / 葉柄 / 托葉

くさび形　切形　耳形　やじり形

葉の形

だ円形　線形　卵形　へら形

披針形　倒披針形　心形　腎形

葉のふちの形

全縁　波状　鋸歯　歯牙　重鋸歯　欠刻

複葉

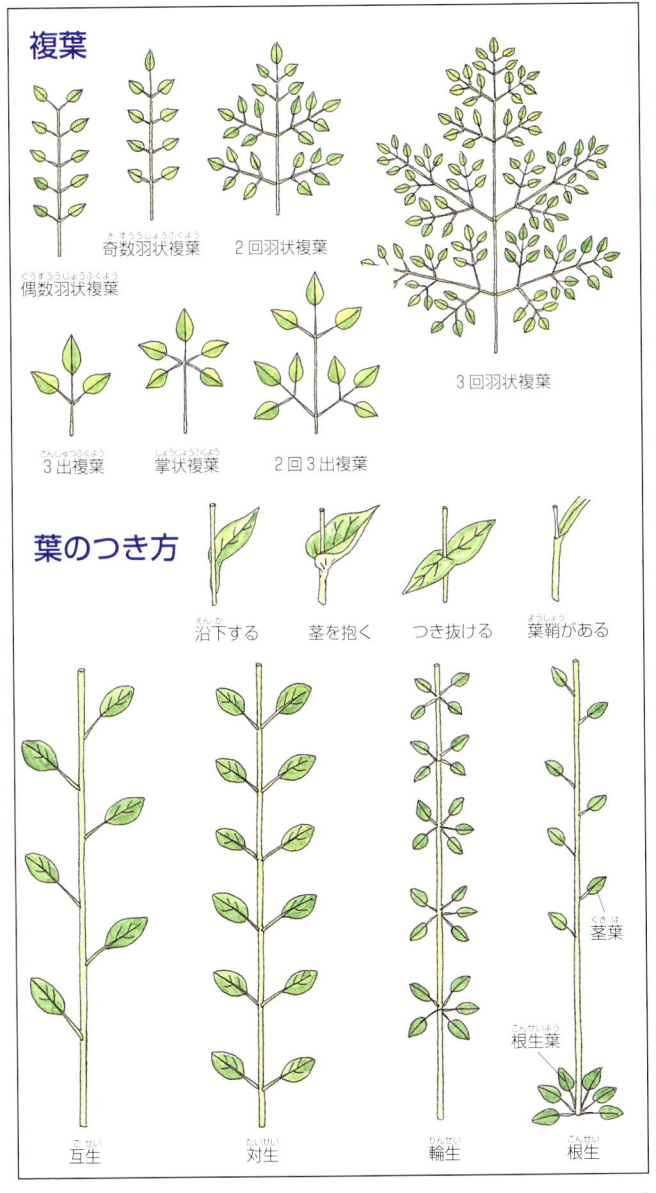

奇数羽状複葉
2回羽状複葉
偶数羽状複葉
3回羽状複葉

3出複葉
掌状複葉
2回3出複葉

葉のつき方

沿下する
茎を抱く
つき抜ける
葉鞘がある

茎葉
根生葉

互生
対生
輪生
根生

平地
野

　庭先や道端などに生えている雑草と呼んでいる野草も、調理次第では立派な山菜になる。また、フキやヨモギなどは、意外に身近な場所に生えている。少しだけ視線を変えるだけで、街中でも自然を感じることができるのである。

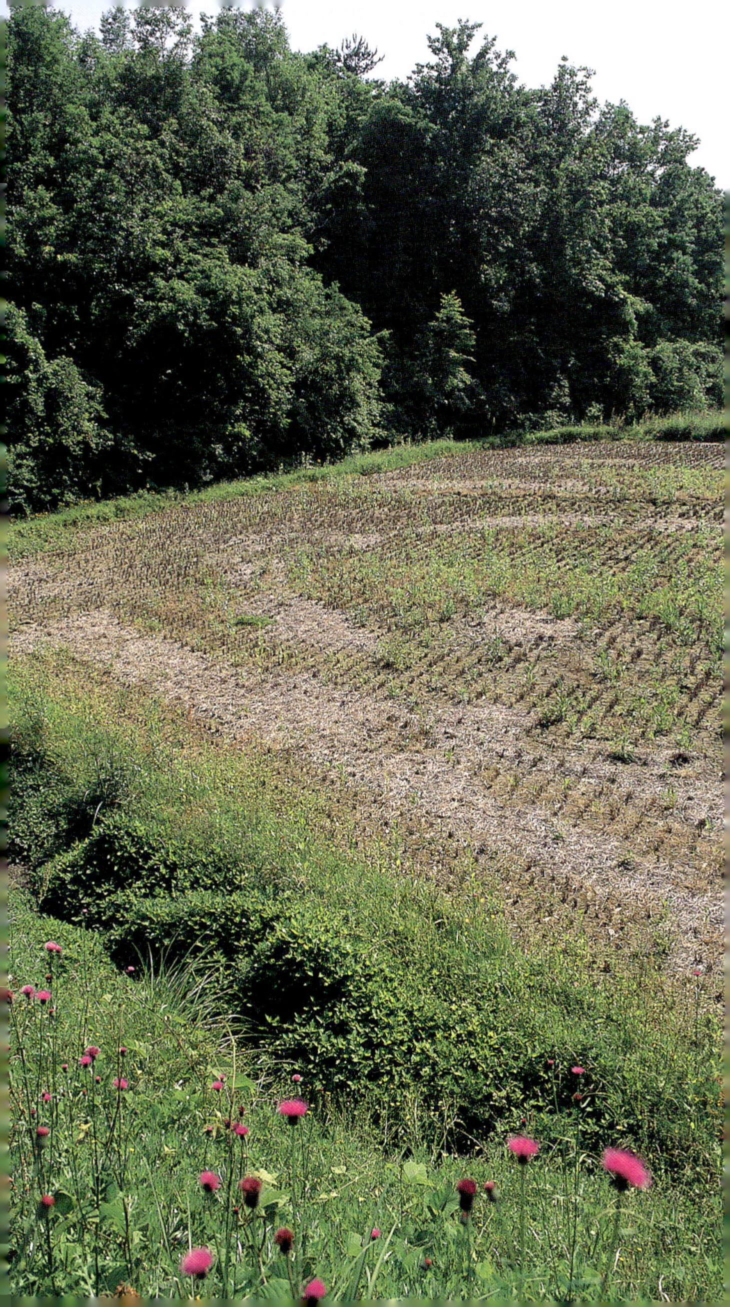

平地・野

フキ

ふきのとう、みずぶき

分　類：キク科
分　布：本州〜九州
生育場所：山野の湿り気のある場所
採取時期：春

🔍 **見分け方のポイント**　田の畦や、雑木林沿いの湿り気のある道端などに生える。まだ雪が残るほどの早春に、苞にくるまれた花が顔を出す。これがフキノトウ。花の色が白黄色の雄花（雄株）と白色の雌花（雌株）があるがどちらも食べられる。花茎は高さ40〜50cmほどに生長し、散房状の花はやがて綿毛をつける。花の後に30cmほどの長い葉柄を伸ばしながら大きな丸い葉を広げる。綿毛を取り除いた花茎と、若い葉柄を同じように利用する。

平地・野

青々と茂るフキの葉。きゃらぶきや宝ぶきなど、身近に楽しめる山菜だ。

色めも美しいフキの甘酢漬け。

フキ味噌があればご飯が進む。

色も味もさわやかな宝ぶき

🌱 **採り方** フキノトウは苞があまり開いていないものを、上に引っ張らずにひねるように摘み採る。葉柄はやわらかく太めのものを、根を引き抜かないようナイフなどでつけ根から切る。

🍲 **下ごしらえと調理方法** フキノトウは生のまま天ぷら、細かくきざみ油味噌と合わせてフキ味噌に。花茎と葉柄は長いまま塩ゆでし皮をむく。ゆでた後、冷水にとると色よく仕上がる。宝ぶき➡砂糖、酢、塩少々を煮立てて4cmほどに切ったフキを入れ、フキに汁がからむ程度まで煮つめてでき上がり。佃煮、煮ものにも向く。

平地・野

ヨモギ
もちぐさ、もぐさ、やいとばな

分　　類：キク科
分　　布：本州～九州
生育場所：山野・道端・空き地
採取時期：春

🔍 **見分け方のポイント**　春先のやわらかくなった陽射しの下での摘み草は、何とも平和な光景だ。ヨモギの若芽は5cmほどの草丈が一束という感じで、まとまって生えている。深い切れ込みのある葉と茎は白い綿毛に覆われて、全体が灰色っぽく見える。香りが身上のヨモギは草餅の原料になるため「餅草」の異名があり、また葉の裏の毛を集めて灸の「モグサ」をつくる。秋に地味な小さな花を咲かせる頃は、草丈は1mにもなって若芽のときの雰囲気はない。

平地・野

夏から秋にはこれほどにも大きくなる。この頃にはもちろん食べられない。

ヨモギの草餅は定番中の定番。 　　　　　天ぷらの衣は薄めにするのが肝心。

香りが口中に広がる自家製草だんご

採り方　春先の若芽を葉をばらさないよう指先で摘むように採る。茎の伸び始めた心芽や葉を折り採る。

下ごしらえと調理方法　若芽、心芽、葉は薄めの衣をつけ天ぷらにする。若芽、心芽はゆでて水にしばらくつけ、アクを抜く。細かめにきざんでゴマ味噌あえが最も合う。草だんご➡水気を絞り、細かくきざんですり鉢でする（ヨモギ玉）。上新粉（米粉）を水で練り、蒸かした中にヨモギを加えよくこね合わせ、だんごにする。好みで小豆あんやきなこをつける。ヨモギ玉は冷凍保存が可能。

平地・野

ヨメナ

うはぎ、おはぎ、はぎな

分　類：キク科
分　布：本州〜九州
生育場所：山野・田・道端
採取時期：春

🔍 **見分け方のポイント**　万葉集にも詠われているほどの春の代表的な摘み草だ。少し湿り気のあるところに生え、秋には淡紫色のかわいい花をつける。一般に野菊と称される花のひとつで、実際、カントウヨメナやユウガギクなどとの区別は難しい。山菜としてはどれも同じように利用できる。ヨメナの若芽は茎が赤紫色を帯びているのが大きな特徴だ。葉はだ円形で縁に粗いギザギザがある。群生するが、秋の花の頃に場所を覚えておくのが賢明かも知れない。

平地・野

秋の野を飾る代表的な野菊。派手さはないが可憐な美しさだ。

ヨメナ飯で春の息吹を少しだけお裾分け。

ヨメナの味噌あえ。ゆで過ぎに注意。

> **おふくろの味がするヨメナ飯**

採り方 根元が赤紫色の若芽を、茎ごと摘み採る。少し伸びたものは先端のやわらかい部分を採る。秋につぼみと花も採れる。

下ごしらえと調理方法 傷ついたり、虫に食われた葉を除き、若芽やつぼみは天ぷらにすれば最高の味だ。さほどのアクはないから、ゆで過ぎて香りを失わないよう注意する。野菜のシュンギクと同じ感覚で料理ができる。ヨメナ飯➡水気を切って細かくきざんだヨメナに、塩で下味をつける。昆布だしを入れて炊きあげたご飯の熱いうちに、きざんで下味をつけたヨメナを混ぜ込む。

平地・野

ハハコグサ

おぎょう、ごぎょう、ほうこぐさ

分　類：キク科
分　布：日本全国
生育場所：畑・道端・空き地
採取時期：春

🔍 **見分け方のポイント**　春の七草の「オギョウ」の名で知られ、日当たりのよい田の畦や道端に生える。秋に芽を出して冬を越し、翌年の春に葉を伸ばす。1株は茎が分かれて短く、地面につくように多くの葉を広げる。枝分かれした先には、淡い黄色の花が集まって多数咲く。細長い、へら形をした葉や茎が白い綿毛に覆われて白っぽく見え、やわらかくビロードのような手ざわりだ。草餅にヨモギを利用しなかった昔は、もっぱらこれを餅草としていたらしい。

平地・野

春もたけなわになると、黄色いかわいい花を咲かせる。

春の七草のひとつ。まずは粥で楽しもう。 　　天ぷらはゆっくり揚げるのがコツ。

万葉の時代を体験する粥の味わい

採り方　花芽のないうちの若芽を、茎ごとちぎるように採る。

下ごしらえと調理方法　地面に這うように広がっている若芽は、葉の間まで土に汚れているから、丁寧に洗いたい。塩ゆでした後は、充分水にさらす。繊維が強く、口に残る感があるので、料理するときは細かくきざむ。天ぷらにする場合は、他の山菜類よりやや濃いめの衣をつけて、ゆっくりと揚げると食べやすい。粥➡少々塩味をつけた粥が炊き上がった直後に、きざんだものを加えて蒸らす。食べるときに混ぜ合わせる。

平地・野

シラヤマギク

むこな

分　類：キク科
分　布：北海道〜九州
生育場所：山野・丘陵
採取時期：春〜初夏

🔍 **見分け方のポイント**　ミズバショウの咲く頃だろうか、林縁や草地にだ円形の葉の若芽を出している。鋸状の葉の縁と表面のざらつきだけでは若芽の姿は分かりづらい。丈は1〜1.5mにもなり、晩夏から秋にかけて白色の花をつける。そしてこの頃の茎は赤味を帯びてくるのが特徴で、生長した姿はすぐに判別できる。毎年同じ場所に生えるから覚えておくのも方法だ。群生するほどではないが、ひとかたまりで生えるから一度姿を覚えれば、収穫も多く楽しめる。

平地・野

野の道端に咲くシラヤマギク。この野菊は花色が白色。

天ぷらで風味を楽しもう。　　　　　ガーリック炒めなど、洋風の味つけもよい。

若芽の姿を覚えると便利な山菜

採り方　若芽は葉柄が長くばらつきやすいから、袋かかごを用意しよう。

下ごしらえと調理方法　シラヤマギクの若芽の頃を、ヨメナに対して「ムコナ」と呼ぶこともあり、料理にもヨメナと同じように利用できる。まずは、キク科特有の香りを天ぷらで楽しみたい。ゆでておひたしか梅ドレッシングあえにするのもよい。➡梅干しは種を除き、きざんで、醤油、油、酢、塩コショウでドレッシングをつくる。油にはゴマ油を香りづけに少し混ぜるとよい。かまぼこなどを加えて、ドレッシングであえる。

平地・野

コオニタビラコ
ほとけのざ、たびらこ

分　類：キク科
分　布：本州～九州
生育場所：休耕田・畦道
採取時期：春

見分け方のポイント　田などに地面にはりつくようにして生え、花は小さなタンポポのようだ。花茎の立つ前の若芽を採取する。その頃の姿はナズナに少し似ているが、切ると白い汁が出るので分かる。春の七草のホトケノザとは本種のこと。赤紫色の花をつける現在のホトケノザはシソ科の有毒植物だから、間違って採取しないように注意しよう。

採り方　葉をばらさないよう、ナイフで根元から切り採る。

下ごしらえと調理方法　ゆでて、水に数時間つけておくと苦味が抜ける。おひたしやあえものの他、油で炒めて醤油で味をつけ、仕上げに七味唐辛子を入れる。

平地・野

ハルノノゲシ
のげし

分　類：キク科
分　布：日本全国
生育場所：空き地・道端・田畑
採取時期：春

🔍 見分け方のポイント　茎の高さが1mにもなる草で、葉の形からノゲシの名があるがキク科の植物。空き地や道端などでもふつうに見ることができる。葉の縁は棘状になっていて、基部は茎を抱いている。茎や葉を切ると白い汁が出る。春から夏にかけて黄色の花を咲かせるが、その花柄には細かい毛が生えている。

🌿 採り方　茎の立たないうちのやわらかい若芽を、葉がばらけないよう、根際から深めに切り採る。

🌱 下ごしらえと調理方法　苦味が強いから、ゆでた後に数回水を替えてさらすとよい。油炒めがよく合う。ケチャップとマヨネーズを混ぜてあえるのもよい。

| 平地・野 |

タンポポ

分　　類：キク科
分　　布：日本全国
生育場所：空き地・道端・果樹園・牧場
採取時期：春

🔍 **見分け方のポイント**　日本中のいたる所に分布しているこの花を知らない人は皆無ではないだろうか。20余ある種類のどれも利用でき、また葉、花、根と全草が食べられる。葉は花がつぼみの頃までがやわらかく、苦味も少ない。花は日が当たると開花し、摘み採るとじきに閉じてしまう。午前中の開花直後に採取する。摘みたてを天ぷらに揚げる野外パーティーが楽しい。葉や根が傷つくと白い粘液が出るが、民間薬にもなり、料理の妨げにはならない。

平地・野

野原一面に咲き乱れるタンポポ。最も身近な野の花のひとつだろう。

花を三杯酢で。味も色も楽しめる。 　　若葉のゴマあえ。ほどよい苦味がおつ。

> 季節の会席料理に
> 花の酢のものを

🌿 **採り方**　葉は株全体をつかみ、葉がばらばらにならないよう、ナイフで根元から切る。花は新花を選ばないと苦味が強い。花の頭を上へ引っ張るように摘む。根はスコップなどで掘る。

🍲 **下ごしらえと調理方法**　葉はゆでて水にさらす。ゆでた後、噛んで苦味が強い場合は数回水を替えてさらしてから料理する。甘味をきかせた酢のものやゴマあえ、ツナと合わせたタンポポサラダがおすすめ。花は天ぷら。三杯酢は、花をむしり、酢湯にくぐらせ水にとり、かたく絞ってから使う。タコなどと一緒に盛りつけるとよい。

平地・野

キクイモ

分　類：キク科
分　布：日本全国
生育場所：空き地・道端・田畑の畦
採取時期：秋〜冬

🔍 **見分け方のポイント**　北米原産の帰化植物。栽培されていたものが逃げ出し、空き地や河原で群生している。草丈は2mにもなり、ヒマワリを小さくしたような黄色のかわいい花を、夏の終わり頃から咲かせる。花後に地中にイモ状の塊茎をいっぱいつける。これを利用する。葉も食用となるが、茎とともに短い毛があってざらつき、あまり食欲のわくものではない。イモの漬けものは、最近、土産物店に並ぶこともあり、珍しさも手伝い、食膳にのせると評判がよい。

平地・野

イモの名がついてもキク科の植物。黄色の美しい花を咲かせる。

花は園芸植物のような見応えがある。　　イモ（塊茎）の味噌漬け。

> 熱でくずれやすい
> から手早く調理を

🌱 **採り方**　秋に葉が枯れた頃、イモ（塊茎）を掘りあげる。スコップで傷つけぬよう、注意しながら掘ろう。

🍲 **下ごしらえと調理方法**　洗った後、皮を包丁でこそげるようにむき、根や傷んだ箇所を取る。天ぷら➡輪切りにして薄い衣をつけ、素早く揚げる。熱めの油で衣だけが揚がる程度がコツ。煮もの➡醤油、砂糖、油を煮立てた中に入れて煮る。火を止め味を含ませる。漬けもの➡しばらくイモを干し、しんなりしたら煮冷ました塩水につけ塩漬けする。その後、甘酢や酒と合わせた味噌に漬け込む。

平地・野

キキョウ	分　類：キキョウ科 分　布：北海道〜九州 生育場所：草地 採取時期：春

🔍 **見分け方のポイント**　秋の七草のひとつだが、真夏に高原などで青紫色の花首を立て、毅然と咲いている。しかし、最近は野生のキキョウを見ることは、ほとんどなくなってしまった。若芽は、太くしっかりした茎が若草色のやわらかい葉に包まれるように出るが、慣れないと見つけるのに苦労する。したがって、自然保護の意味からも、栽培種を利用したい。どの種類でも同じように食べられる。庭に植えれば、大きくなった株から数本の芽が出てくる。

平地・野

高原の夏を彩るキキョウの花。しかし、野生種が年々少なくなっているのは残念。

さわやかな青紫色がこの花の魅力。

かまぼこと合わせた辛子マヨネーズあえ。

栽培して庭で味わう山菜の味

🌱 **採り方**　若芽は簡単に手で折れる。徒長した茎でも先端のやわらかい部分は食べられる。根茎も食用になり、漢方薬などでも重用されているが、毎年、山菜として楽しむのなら根を掘るのをやめ、夏に花を観賞してはいかがだろうか。

🍲 **下ごしらえと調理方法**　茎や葉を傷つけると白い乳液を出すが、ゆでると気にならない。ふつうにゆでて、まずおひたしで味わう。ゴマあえや玉子とじはポピュラーだが、マヨネーズに辛子を混ぜてあえるのがおいしい。

平地・野

ニワトコ

たず、たずのき、こぶのき

分　類：レンプクソウ科
分　布：本州〜九州
生育場所：野原・丘陵・河原
採取時期：春（実は秋）

🔍 **見分け方のポイント**　早春の野山、他の木が芽吹く前に小枝の先端に苞に包まれた若い芽と、ブロッコリーのようなつぼみをつける3〜5mの木だ。4月頃にクリーム色の小さな花を房のようにつける。やわらかな木の枝や花は漢方薬としても利用する。

✂ **採り方**　はかまから芽を出し始めたばかりの若い芽とつぼみを、ばらさないように苞ごと摘む。

🍲 **下ごしらえと調理方法**　はかまを取り、天ぷらがいちばんおいしい。ゆでて充分に水にさらした後、植物脂肪のあるゴマやクルミなどであえる。強壮食品だが食べ過ぎは禁物だ。水さらしが不充分だったり食べ過ぎると、腹を下すことがある。

平地・野

オオバコ
おんばこ、げえろっぱ、ありこ

分　類：オオバコ科
分　布：日本全国
生育場所：道端・空き地・グラウンド
採取時期：春

🔍 **見分け方のポイント**　グラウンドや道端などの地面を覆うように広がって生え、葉には縦の葉脈が目立つ。登山道沿いに高い山まで登っていたり、踏まれても"雑草の如く"を地でいき、実に繁殖力が強い。葉の間から茎を伸ばし穂状の花をつける。

✂️ **採り方**　子供時代に葉柄を使って引っ張りっこをした思い出を持つ人も多いだろう。それほど太く強い筋があるからナイフを使い、若芽は株ごと、やわらかい葉だけを根元から切る。踏まれるような場所に多いので、きれいなものをよく選んで摘もう。

🍳 **下ごしらえと調理方法**　生のまま天ぷらにする。葉に傷をつけると、葉がふくれずに揚がる。よくゆでてゴマやピーナツあえに。

平地・野

クコ

分　類：ナス科
分　布：本州～九州
生育場所：河原・海辺の近く
採取時期：春

見分け方のポイント　漢方薬として広く用いられてきた木だ。白っぽい枝が数多く分岐してしだれている。へら状の葉はかたまってつき、脇には棘がある。そこから長い花柄を出して紫色の花を咲かせる。秋には赤いだ円形の実をつける。

採り方　日当たりのよいところに群生しているから、収穫量も多い。枝から伸びた新しい茎で、爪でちぎれるくらいの若芽を摘む。よく芽を伸ばすから収穫時期も長く楽しめる。

下ごしらえと調理方法　サッとゆでる。塩味をつけて炊きたてのご飯に混ぜてクコ飯に。シラス干しをかけたおひたしなどもよい。その他、天ぷらやあえもの、油炒めにも利用できる。

平地・野

ヒレハリソウ
コンフリー

分　類：ムラサキ科
分　布：日本全国
生育場所：畑・空き地
採取時期：春〜初夏

🔍 **見分け方のポイント**　ヨーロッパ原産の植物で、コンフリーの名で知られている。明治時代に導入されて家畜の飼料や薬用として栽培されてきたものが、各地で野生化している。根元で厚ぼったい大形の葉が茂る。その間から50〜80cmもの茎が伸び、短い柄を持つ紫色の花が垂れ下がって次々と咲く。厚生労働省では、ヒレハリソウを含む食品を摂取して肝臓などに健康被害を起こす例が海外で多く報告されていることから、現在では摂取と販売を禁止した。

平地・野

ヒルガオ

あめふりばな

分　類：ヒルガオ科
分　布：日本全国
生育場所：道端・路地
採取時期：初夏

🔍 **見分け方のポイント**　種子ができないのに"なぜ"というほど日本各地の畑や草むら、道端などで見られる。若芽や若葉、つるの他、白く長い根が走りまわっているから、茎が枯れた頃にこの根を掘り食用にする。畑の困り者だから、大いに山菜として利用するのがよい。桃色の漏斗形の花は、日中でも咲いているのでアサガオに対してこの名がある。花は1日花である。同じ仲間で花色が薄く、全体に小形のコヒルガオがあるが、同じように食べられる。

平地・野

道端のフェンスにからむコヒルガオ。よく見かける光景だ。姿もヒルガオに似る。

ヒルガオの花もよく見ると美しい。　　　ベーコンと合わせた油炒め。

畑の邪魔者も料理次第で優等生

採り方　伸び始めの若い芽やつるを摘み採る。花は苞からはずすように採る。

下ごしらえと調理方法　若芽やつるはさっとゆでる。花は酢を落とした熱湯にくぐらせる程度がよい。適当な長さに切りそろえ、かつお節をかけたおひたし、白あえ、マヨネーズあえに。花は三杯酢や汁の実がよい。生で天ぷらもおいしいが、ベーコンと一緒に油炒めにするとおいしい。根は油揚げを入れた煮ものや揚げものに。料理ではないが採集中に虫刺されしたとき、生葉の汁をつけるとよい。薬草としての役目も果たす植物だ。

平地・野

ガガイモ

分　　類：キョウチクトウ科
分　　布：日本全国
生育場所：草原・土手・薮
採取時期：春〜初夏

🔍 **見分け方のポイント**　薮や野道で茎を横に這わせ、ごちゃごちゃと他の草にからまっているのを見かける。ハート形の葉の間から咲く淡紫色の花の反り返った花弁には、毛が密生してつまみ細工のようだ。茎や葉を切ると白い乳液で手がべたつく。秋に野菜のオクラのような形の表面にイボのある実がつく。イケマは同じガガイモの仲間で、生育地は湿り気のある山地。花は白く球状に咲き、実の形も異なる。根には有毒成分を含むが、若芽は同じに利用する。

平地・野

毛が密生したガガイモの花。なかなか特徴のある花だ。

イケマの花。

さっぱりと味わうゴマ醤油がけ。

> サラダで活きる
> 風味と甘み

採り方 新芽や多少徒長した茎の先端のやわらかい部分を摘む。群生しているので採りやすい。ガガイモの実をワタノミとも呼び、実の中に絹糸のような細くつやのある毛が詰まっている（毛を朱肉などに使う）。若い果実も食べられる。

下ごしらえと調理方法 ゆでてマヨネーズあえが合う。醤油によくすったゴマと酢を混ぜたゴマ醤油がけもおつだ。また、ほのかな甘味が活きるバターで炒めた若芽を、レタスやキュウリと一緒にサラダに。果実は天ぷらや、味噌漬け、糠漬けなどの漬けものに。

平地・野

セリ

たぜり、みずぜり、ねじろぐさ

分　類：セリ科
分　布：日本全国
生育場所：水田・湿地・小川
採取時期：春

🔍 **見分け方のポイント**　セリは、春の七草を代表する植物といえよう。春の陽射しを浴びる頃、40〜50cmに生長するが、栽培ものでは決して味わえぬ歯ざわりと香りだ。田などに生え、丈が低く茎色の赤味が強く、かたいが香りの強いものを田ゼリ、水中に生え、やわらかなものを水ゼリと区別することもあるが、同じものだ。食べ比べするのも楽しい。一緒に、同じような姿をした有毒植物のドクゼリが生えているので注意したい。根で見分けられる（p.251参照）。

平地・野

セリの花は複散形花序に咲く。この特徴は多くのセリ科に共通している。

ゴマ醤油がけでさわやかな香りを楽しむ。 　味噌漬けもくせになるおいしさだ。

さわやかな香り と歯ざわりが命

採り方　田ゼリはナイフを土の中に差し込むようにして根元から切り採り、外側の汚れた葉を除くと、中からきれいな葉が現れる。水ゼリは、水の中に手を入れ根ごと引き上げる。ゴミやひげ根を除き、白い根は利用する。

下ごしらえと調理方法　ゆで過ぎは禁物。すぐに冷水にさらし色よく仕上げる。かつお節をかけたおひたしが最も合う。あえものは甘味をおさえるのがコツ。根はきんぴらにする。味噌漬け➡ゆでて長いままガーゼにくるみ、味噌とサンドイッチにして漬ける。

平地・野

ミツバ

三つ葉ぜり、山三つ葉

分　　類：セリ科
分　　布：日本全国
生育場所：湿気のある林縁、林内・山道
採取時期：春

🔍 **見分け方のポイント**　野生のミツバは丈が低く、茎は太くがっしりとしている。名前の由来にもなった卵形の3つの小葉からなる複葉と特有の香りで、すぐに見分けがつく。6～7月に小さな白い花をつける頃は、もうすっかり葉も茎もかたくなって食べられない。栽培品のような繊細さはないが、強い香りと歯ざわりが喜ばれ、昔から親しまれている。生命力はいたって強いので、根を鉢や庭の隅にでも植えておけば、汁の実などにもすぐに役立ち便利だ。

平地・野

ミツバの葉を知る人は多いが、花の姿を知る人は少ないのでは。

小さくて非常に繊細な花。　　　　　たまには趣向を変えてたらこあえに。

野生味を堪能。歯ざわりと香り

採り方　複葉の柄のつけ根にあるはかまから、新芽がのぞいているくらいのときが、採り頃だ。根元からナイフで切り採る。

下ごしらえと調理方法　茎を3本くらいまとめて長さをそろえ、根元に海苔を巻いて天ぷらにする。ゆでる場合は、すぐベタベタになるから、気をつける。いろいろなあえものを試してみよう。たらこをほぐし、わさび醤油であえれば立派な酒の肴に。ミツバの玉子とじは鶏肉でも入れればおかずにできる。熱湯をかけた程度のミツバを塩で軽くもめば、即席の漬けものにもなる。

平地・野

シャク

山にんじん、こしゃく、にんじんば

分　類：セリ科
分　布：北海道～九州
生育場所：小川や渓流沿い・林縁
採取時期：春

🔍 **見分け方のポイント**　「ニンジンバ」と呼ばれているように、ニンジンの葉によく似ている。雪の解けた山裾一面に、鮮やかな新緑のシャクの群落を見ると、もう春たけなわだ。伸び始めた茎の節に、はかまがついているのが見分けのポイント。節を折るとセリ科特有の香りがいかにもおいしそうだ。群落になって生えているので見つけやすく、その場だけで充分な収穫となる。１０日も経てば１mにも伸びて白色の細かな花を咲かせ風に揺れている。

平地・野

渓流沿いに咲くシャク。花も葉も何とも涼しげに見える。

シャクの花。

ちくわと一緒に梅肉あえに。

> 採取にはタイミングが必要だ

🌿 **採り方** 根際から伸び始めたばかりの若芽を採る。もしくは、せいぜい20cmくらいまで伸びた茎の上葉を摘む。触ってやわらかそうに見えても、ゆでるとかたくて筋っぽい。

🍲 **下ごしらえと調理方法** 天ぷらがいちばんおいしい。干しエビやジャコなどと一緒にかき揚げにするのもよい。ゆでて、水にしばらくさらしてから水気をよく切り、ゴマや豆腐などとあえる。甘辛くした煮汁を煮立て、ゆでて短めに切ったシャクを入れ火を止め、味を含ませた後、再び火にかけて玉子とじにする。

平地・野

ウコギ
やまうこぎ

分　類：ウコギ科
分　布：日本全国
生育場所：林縁
採取時期：春

🔍 **見分け方のポイント**　雑木林や川岸などに横枝を四方に広げる、高さ2〜3mほどの木。枝には鋭い棘がまばらについて、うっかり枝につかまれば痛いめにあう。春先、細い枝に幼児の手のひらを広げたような、つやのある5枚の若葉をたくさんつける。1株見つければ、枝が多いだけに摘み採るのが楽だ。ウコギの仲間にはヤマウコギや棘のないヒメウコギなど種類が多いが、どれも食用となり味も劣らない。生け垣などにされて、手近な山菜のひとつだ。

平地・野

ケヤマウコギ。若芽はウコギと同じように利用できる。

ケヤマウコギの花。

ほどよい塩味が決めてのウコギ飯。

> ほのかな苦味が
> ポイント

採り方 新芽が伸び始めの頃、葉柄の元につくはかまごと摘む。火を通すとかなり目減りするから、袋などに採り過ぎかなと思うくらい詰めてちょうどよい。葉が古いと苦味が強く使えない。

下ごしらえと調理方法 はかまを取り除き、柄がやわらかくなるくらいゆで、2～3回水を替えてさらし、えぐみを抜く。ただ抜き過ぎぬよう、噛んでみて加減をする。天ぷらが最も合う。ゆでたものはゴマあえや佃煮など、しっかりした味のものがよい。炊きたてのご飯に、きざんで塩味をつけたウコギを混ぜてウコギ飯に。

平地・野

オオマツヨイグサ

月見草、宵待草

分　　類：アカバナ科
分　　布：日本全国
生育場所：道端・荒れ地・河原
採取時期：春～秋

🔍 **見分け方のポイント**　帰化植物は、その繁殖力を話題にされることが多いが、オオマツヨイグサも例外ではない。河原や荒れ地、線路沿いなどに多く見られる。月見草と呼んだ方がよく分かるかも知れない。1m以上の茎に淡い黄色の大輪の花をつけ、夕方に開き朝にはしぼむ。細い茎の中軸や茎は赤味を帯びて、ごそごそとかたそうで食欲のわくものではない。この仲間の小形で花がしぼむと赤く変色するマツヨイグサやメマツヨイグサなども同様に利用できる。

平地・野

昼間のオオマツヨイグサ。花を楽しむなら夕涼みも兼ねて夕方の散歩に出るとよい。

色を活かした花の天ぷら。

花の甘酢漬け。優雅な一品だ。

> 夕闇の花は月の欠片をいただくよう

採り方 ロゼット状の株の葉はかたいから、茎が立ち始めた頃の、やわらかそうな若葉を1枚ずつ摘む。花はほころび出す少し前のつぼみと、開きたての花を摘む。

下ごしらえと調理方法 葉は重曹を入れた湯でよくゆで、冷水でしばらくさらした後、細めに切りカラシあえやゴマ酢あえに。佃煮はあまりやわらかくならない程度にゆで、細かく切って、醤油と砂糖でゆっくりと煮込む。七味唐辛子を加えると味がしまる。花は三杯酢や、汁の実としてすまし汁のおろし際に入れる。

平地・野

グミ類

分　類：グミ科
分　布：北海道〜九州・沖縄（種類によって異なる）
生育場所：山野
採取時期：初夏〜秋

🔍 **見分け方のポイント**　グミの種類は多く、実の熟す時期や生育環境が異なるが、見分けのポイントは同じ。葉の裏が銀色、花や実は赤褐色の細かい斑点がついていることなどだ。赤く熟した実はいかにもおいしそうだが、斑点にタンニンを含むため口に入れると、甘味よりも渋味がいつまでも残る。渋味が強い場合は1〜2日ほど塩水につけると、だいぶ和らぐ。果実酒やジャムに利用する。ジャムは実をつぶし皮と種を濾してから砂糖を加えて煮つめるとよい。

平地・野

ナツグミ（P46：実）分布：全国　環境：山野　実の時期：初夏（以下同様）。

アキグミ　北海道以西　山野　秋

ナワシログミ　本州〜九州　雑木林　初夏

ツルグミ　関東〜沖縄　野山　初夏

マメグミ　本州〜沖縄　野山　夏

47

平地・野

ヤブガラシ

びんぼうかずら

分　類：ブドウ科
分　布：日本全国
生育場所：空き地・畑
採取時期：春〜初夏

🔍 **見分け方のポイント**　人の住む場所なら高山以外どこにでもある。薮を枯らすとの名前通り、地下で伸びる根も地上のつるもすごい勢いで繁茂する。あちこちから、四角い茎の赤褐色の新芽が伸び、つやのある5つの小葉（複葉）と対になった巻きひげを伸ばし、相手にからみつく。薄緑色の4枚の花弁はすぐに散って、中心のオレンジ色の花盤が目立つ。家の周りに生えると植え込みも取り囲まれ、いかにもみすぼらしく見えるためかビンボウカズラともいう。

平地・野

他の植物に覆いかぶさって育つさまは、まさに「薮枯らし」。

ブドウに似た黒紫色の実をつける。

酢とわさび醤油でさっぱりと味わう。

> 迷惑な雑草も手を加えて変身

採り方 若葉や、手でポキッと折れるぐらいの若い茎を取る。葉や巻きひげは取り去り、茎だけにして持ち帰ろう。少々乱暴につるを引っ張っても大丈夫。退治するつもりで採取しよう。

下ごしらえと調理方法 ゆで汁が茶色になるまで充分にゆで、一晩は水にさらしてよくアクを抜く。ゆで方が足りないと辛味が残るが、逆に、この辛味を料理に活かすのもアイデア。酢のものによく合い、わさび醤油とあえる。単純に大根おろしで食べると、びっくりするような珍味となる。まさしく大人の味かもしれない。

平地・野

カラスノエンドウ
やはずえんどう

分　類：マメ科
分　布：本州～九州
生育場所：土手・畑・野原・道端
採取時期：春

🔍 **見分け方のポイント**　四角い茎を地に這わせ、先を立ち上がらせて、羽状葉の先端から分かれた巻きひげで他のものにからむ。地を這う茎は次々と分枝するから、道端などは一面カラスノエンドウだらけという訳だ。4～5月に葉のもとに赤紫色のかわいい花をつける。花の後にサヤエンドウを小形にしたようなサヤをつけ、中に黒い種子（豆）ができる。この豆の色が名前の由来だ。仲間のスズメノエンドウやカスマグサはごく小形で若芽以外は食べない。

平地・野

土手や野原で必ずといっていいほど見かける、身近な野の花。

実を草笛にして遊んだ人も多いはず。

若い実をかき揚げで味わう。

野菜のサヤエンドウも脱帽の味

採り方 巻きひげの伸びないうちの若い茎を、指先で簡単に折れるところ（10㎝くらい）から採る。花が咲いてしまうと茎はかたくなって食べられない。そうなれば花後につく若いサヤが出来るのを待つのがよい。ただし、このサヤもごく若いものに限られるから、採取のタイミングを間違えぬことだ。

下ごしらえと調理方法 若芽は油と相性がよく、天ぷらの他、クルミやピーナツなどとあえるとよい。若い実（サヤ）はかき揚げにする他、サッと湯通しする程度に火を通して油炒めにする。

平地・野

ナンテンハギ

あずきな、たにわたし、ふたばはぎ

分　類：マメ科
分　布：北海道〜九州
生育場所：土手・林縁
採取時期：春

🔍 **見分け方のポイント**　土手道に他の草がまだあまり伸びてこないうちに、茎が束になって芽を出す。ナンテンに似た葉が2枚ずつ、1組になっている。その葉のつけ根に豆のサヤを割ったような托葉がついているのが目立つ。夏頃に開く花は紅紫色で、穂のようにつき美しい。つるは出さない。マメ科の植物には珍しく豆は利用できず、若芽を食べる。1株見つけると20本ほどの若芽がまとまっているので、収穫量は多い。

平地・野

河原の土手などにまとまって生えている。紅紫色の花が咲く夏にはよく目立つ。

蝶形花が穂のように集まって咲く。　ゴマとあえると相性がよい。

> うま味を残すよう
> 味つけは薄味で

🌱 **採り方**　芽先15cmほどの、軽く指先で折れるところから採る。近くを探すといくつかの株が見つかるので、1株全ての芽を採らない配慮がほしい。収穫時期も短く、やわらかそうに見えても案外とかたく歯が立たない。無理に採らず潔くあきらめ、来年に期待しよう。偶然に採取できるのが山菜採りの醍醐味かもしれない。

🍵 **下ごしらえと調理方法**　香ばしさとこくが持ち味で、くせもアクもないから下処理はふつうでよい。おひたしやゴマあえがよく合う。天ぷらは低めの温度でゆっくりと。熱いと風味が消えてしまう。

平地・野

クズ

分　類：マメ科
分　布：日本全国
生育場所：山野の林縁・河原・荒れ地
採取時期：春

🔍 **見分け方のポイント**　人通りの少ない別荘地の道路などで我が物顔で茎を伸ばし、あちこちで大群生しているつる性の木。秋の七草のひとつである。夏には赤紫色の花が白い葉裏に隠れるように咲き、フジの花を逆さにしたような花穂が甘い香りを放つ。クズ粉はこの根が原料で、また吉野で有名な葛切りや、漢方のかぜ薬の葛根粉に利用されている。繁茂したクズの根を素人が掘り出すことは不可能に近く、山菜としては新芽や花のつぼみを利用する。

平地・野

河原や林縁を埋めつくすように生えていることが多い。生命力の強い植物だ。

姿はともかく、その花は赤紫色で美しい。　　天ぷらにするといくらでも食べられる。

> **見た目より味で勝負のクズ**

採り方　若い芽は葉とともに茶色の毛に覆われているが、料理すると気にならなくなる。ナイフなどで新芽の基部を切る。花は花弁がすぐ散るので、つぼみ部分が多いものを採取する。

下ごしらえと調理方法　天ぷらにする。しっかりした歯ごたえが、見た目よりずっとおいしい。ゆでるときは、毛を気にしてゆで過ぎないように注意する。指でつまんで爪が通れば大丈夫。ゴマあえもポピュラーだ。花は酢のものにする。変わった利用として、新芽やつぼみのやわらかいものは、そのまま糠味噌に漬ける。

> 平地・野

ニセアカシア

ハリエンジュ

分　類：マメ科
分　布：日本全国
生育場所：市街地〜山地
採取時期：春〜初夏

🔍 **見分け方のポイント**　街路樹や斜面の崩れ留めなどに植えられる、20m以上にもなる高木。繁殖力も強く、山をこの木が占領しているのを見ることもある。フジの花を小形にしたような白い花房を枝一面につけ、梅雨時のどんよりした空の下、山全体が白く煙って見える。甘く強い香りを漂わせるのもこの木の魅力のひとつだが、鋭い棘が枝にあり、うっかり花に手を伸ばすと痛い思いをする。俗にアカシアと呼ぶが、ハリエンジュまたはニセアカシアが本名だ。

平地・野

春の新緑、初夏の花、秋の黄葉と、季節ごとに楽しめる木でもある。

美しい花を散らしたニセアカシアのサラダ。

花の素揚げはサッと塩をかけて味わおう。

濃厚な香りと甘みは貴婦人の味

採り方 花を食べるが、満開のものより、つぼみが多い花房を房ごと摘む。棘が鋭いから、手袋や長袖のシャツの着用を忘れないこと。カギ枝やロープを使って枝を引き寄せて採り、背丈も高い木だから、山の斜面を利用するなど工夫しよう。

下ごしらえと調理方法 天ぷらには花房ごと揚げる。衣はつけずに素揚げの方がよい。甘みが魅力だから、天つゆなどつけずそのまま食べよう。花房をしごき花だけにしてバター炒めや、さっと熱湯をかけて醤油ドレッシングのサラダや玉子とじなど。

平地・野

レンゲソウ（ゲンゲ）

のえんどう、げげばな

分　　類：マメ科
分　　布：本州〜九州
生育場所：水田・畦道
採取時期：春

見分け方のポイント　スミレ、タンポポとともに、春の代表的な野の花として親しまれている。茎が地面を這うようにして広がっていく。蝶形の紅紫色の花を輪状につけ、田んぼ一面を染めている風景は、まさに1枚の絵だ。もともと中国から緑肥として渡ってきた。一時は化学肥料に取って代わられていたが、最近、有機肥料が見直され、レンゲソウが復活したところもある。各地でレンゲ祭りが行われ、他の山菜料理とともに、レンゲ料理が振るまわれている。

平地・野

早春の田んぼを埋めるレンゲソウの紅紫色。いつまでも残しておきたい風景だ。

新芽のバター炒めと花の天ぷら。 　　　　ドレッシングあえは花の色も活かそう。

**レンゲ畑は春の
サラダボール**

採り方　若い芽や花のつぼみを摘む。花は開花後、じきに種をつくるから、半開きでつぼみが混じるくらいの方がよい。他の山菜にも共通していることだが、茎の長さをそろえて採取すると、後の処理が楽だ。また、花や若芽を一緒の袋などに入れない。

下ごしらえと調理方法　花のつぼみは天ぷらにする。2～3個を他の天ぷらの添えものにすると、華やかな一皿となる。若芽はふつうにゆで、マヨネーズやドレッシングであえる。ゴマあえもよい。花はサッとゆでて、酢味噌で食べるのがおいしい。

平地・野

クサボケ

しどみ、地梨

分　類：バラ科
分　布：本州〜九州
生育場所：山野の土手・日当たりのある林内
採取時期：初秋

🔍 **見分け方のポイント**　野山の土手や草地に生える、棘のある50㎝ほどの背の低い木だ。4〜5月頃、朱色の花が地面を這うように咲いていて、草の花と見間違いそうだ。花は5枚の花弁ひとつひとつが、まるで小さな玉杓子のようにわんぐりとして愛らしい。秋に、花のわりに数は少ないが、3〜5㎝の実が枝に直接くっつくように実る。黄色に熟す頃は、とてもよい香りがする。車内に置けば芳香剤代わりになる。ただし味はひどく酸っぱく、また渋い。

平地・野

雑木林の林床や田畑の土手に咲く。

朱色の花は春の野でよく目立つ。　　淡い琥珀色のクサボケ酒。

**生食はかなわぬ
が美酒で楽しむ**

🌱 **採り方**　実の熟す頃は他の草が覆って見つけにくいから、花の時期に場所を覚えておく。熟した実は、実を持ってひねるようにすると簡単に枝からはずれる。薬用酒として利用するなら青味が少し残るくらいのものが最適だ。疲労回復によい。香りを楽しむなら完熟した実がよい。

🍲 **下ごしらえと調理方法**　実を洗って充分に水を切り、3～5片に切って砂糖を加え焼酎に漬ける。半年～1年後、実を濾して熟成させる。3年以上たったものは風味も増し美酒になる。

平地・野

シロバナノヘビイチゴ
森いちご

分　類：バラ科
分　布：宮城県〜中部地方、屋久島
生育場所：草地
採取時期：初夏〜初秋

🔍 **見分け方のポイント**　シロバナノヘビイチゴは山地や高原の日当たりのよい草むらなどで見られる。赤味を帯びた細く長い柄に、2〜3cmの3枚の小葉からなる葉をつけ、6〜7月に白い花を咲かせる。赤く熟した実は頭を下げて実る。また亜高山帯に生えるノウゴウイチゴは、少し小形で花弁も7〜8枚と多い。どちらも店頭に並ぶイチゴと同じオランダイチゴの仲間だ。味も香りも文句ないほどおいしい。童話の赤頭巾ちゃんもこのイチゴを摘んだのだろうか。

平地・野

名前の通り白い花を咲かせる。しかしヘビイチゴとは別属の植物だ。

ノウゴウイチゴの花。

おいしそうなノウゴウイチゴの実。

実は小さくても味
も香りも一人前

採り方 栽培のイチゴと同じように、イチゴの柄をちぎって摘む。摘みながら口に入れるのが最高においしい。熟した実はやわらかくつぶれやすいから、ざるなどに入れた方がよいだろう。

下ごしらえと調理方法 塩水でふり洗いした後、萼をつけたまま器に盛ってテーブルに出して生食を。少し傷んだり形の悪いものはジャムにする。砂糖を軽くまぶして火にかけ、細火でこげないように注意して煮つめる。水気をよく切って萼を取り、レモンの輪切りと一緒に焼酎に漬け込む。糖分は少なめに。1か月くらいで実を抜く。

| 平地・野 |

キイチゴ類①

分　　類：バラ科
分　　布：種類によって異なる
生育場所：野原、藪、林縁
採取時期：主に初夏

🔍 **見分け方のポイント**　クマイチゴやナワシロイチゴをはじめ、目につくだけでもキイチゴ類の種類は多い。実の色も赤やオレンジ色があり、収穫期も夏から秋までさまざまに楽しめる。味に短所はあってもイチゴ類に毒はないから、いろいろ試食するのもよいだろう。花のつき方も多種あり、実の形は小さな粒が集まった集合果で、へたのついたもの、へたから離れ実の内側に穴が開いている（中空）ものの2種類がある。これらは実を摘んでみれば分かる。

平地・野

P64：ナワシロイチゴ　日本全国に分布　上：クマイチゴ　北海道〜九州に分布。

ナワシロイチゴの花はあまり目立たない。

クマイチゴの花

キイチゴのジャムはさわやかな甘さだ。

そのままケーキのトッピングにしてもよい。

平地・野

キイチゴ類②

　キイチゴの多くは茎に棘を持っていて、時には薮にからまったりしている。採取には長袖シャツ、軍手、長靴が必需品。実をつぶさぬよう持ち帰る工夫もしよう。下になった実は重みでつぶれやすいことも念頭におきたい。摘みながら食べるのも楽しいものだが、虫も一緒に口に入れてしまわぬよう、ちゃんと確かめてから食べよう。

上：エビガライチゴ　北海道～九州。
下：フユイチゴ　冬に実る。千葉県以西。

平地・野

カジイチゴの花

カジイチゴ　本州の太平洋側に分布。

ナガバモミジイチゴ　西日本に分布。

マルバフユイチゴ　本州、四国、九州。

ヤナギイチゴ　キイチゴに似るがイラクサ科の植物。関東以西の暖地に分布する。

平地・野

ユキノシタ

いどばす、いわぶき、いわかずら

分　類：ユキノシタ科
分　布：本州～九州
生育場所：湿った石垣・沢筋の岩場・庭
採取時期：春

🔍 見分け方のポイント　水のにじんでくるような石垣や日陰の岩上などに生えるが、薬草として庭などにも植えられている。丸く肉厚の葉の表面は粗い毛が生え、表は緑色に白い模様、裏は赤色と、一目で分かる姿をしている。葉の下から赤い糸状の伏枝を出しているのも特徴だ。重なり合った葉の間から出る花は、下に長い2枚、上に小さな3枚の白い花弁があり、「大」の字をつくる。小さいが人目を引き美しい。身近にあっていつでも利用できる便利な山菜である。

平地・野

湿った場所に生える可憐な植物。花を見ると山菜にするのが惜しくなる。

繊細で印象的な花。

天ぷらが最もおいしい料理法だ。

> 生葉は民間薬、火を通して料理に

採り方 大きめの葉を1枚ずつ、茎を少しつけて折り採る。乱暴に扱うと、株ごと引き抜くことになる。

下ごしらえと調理方法 湿気と地面に近いことや、表面に毛があることなどから、汚れやゴミがつきやすい。流水で表面をこするように丁寧に洗う。水気をよくふき、片面だけ衣をつけて天ぷらにするのが最も合う。ゆでる場合は充分にゆで、柄をつぶしてやわらかくなったら、しばらく水につけておく。酢味噌あえや汁の実などにするとよい。

平地・野

ナズナ
ぺんぺんぐさ、しゃみせんぐさ

分　　類：アブラナ科
分　　布：日本全国
生育場所：道端・畑・公園・畦道
採取時期：春

🔍 **見分け方のポイント**　春の七草のひとつで、花茎の立つ前の若芽を利用する。秋に芽を出して年越しし、早春に若芽を茂らせる。葉は深く切れ込み、地面にへばりつくように根元から四方に広がる。まだ青葉の少ない季節には、重宝な山菜である。昔は「ナズナ売り」がいたほどだ。やがて白い4弁花を咲かせ、ペンペン草のいわれになった三味線のばちのような種子をつける。この花や種の姿はよく知られていて、子供たちの格好の遊び道具になっている。

平地・野

ペンペン草としてなじみの深い野草だ。山菜になるとは知らない人が多い。

花も早春に咲き始める。

ナズナのおひたし。春一番の味だ。

> 山菜はナズナ採りから始まる

採り方 根元からナイフで葉をばらさないように、株ごと削るように採る。冬越しした葉はかたく、葉先が枯れていたり汚れていたりするから、中心のきれいな部分を利用する。

下ごしらえと料理方法 株を逆さにして水の中で上下に振るようにして、葉の間の汚れを落とす。手早くゆでて冷水にさらし、青味を大切にする。野菜と同じような扱いでよく、香りを活かして、ナズナ粥やナズナ飯を手始めに、おひたし、ゴマあえなどのあえものに。塩をまぶしてしばらく置いて即席漬けにするのもおつ。

平地・野

タネツケバナ
たがらし、みずがらし、たぜり

分　類：アブラナ科
分　布：日本全国
生育場所：田の畦・小川の縁
採取時期：早春

見分け方のポイント　4月頃、白い花を田んぼ一面に咲かせているナズナと同じ仲間だ。高さ10〜30cmくらいで、先端に4枚の花弁を十字形につけた小さな花を咲かせる。タネツケバナの名は、米づくりの準備として種籾を水に漬ける頃に花を咲かせることに由来する。また葉に少し辛味があるのでタガラシとも呼ばれている。

採り方　若芽やつぼみがついたものを一緒に摘み採る。長さをそろえ、まとめながら摘むと後の処理がしやすい。

下ごしらえと調理方法　軽くゆでて水にとり、水気をよく絞る。おひたしや、ゴマ、ピーナッツ、マヨネーズでのあえものにする。つぼみがついたものは天ぷらにしてもよい。

平地・野

ハナダイコン
しょかつさい、おおあらせいとう、むらさきはなな

分　類：アブラナ科
分　布：各地（野生化）
生育場所：道端・公園・空き地など
採取時期：早春

🔍 **見分け方のポイント**　中国原産の帰化植物。道端や土手などに、春の陽射しを浴びている紫色の花の群落がよく見られる。根生葉は羽状に切れ込み、裏が白っぽい。また、茎につくだ円形の葉の基部が赤味を帯びた茎を抱いている。花は4弁花で十字形。黄色のしべが花弁の色とマッチして美しい。

✂ **採り方**　若芽ややわらかい茎や葉を摘む。茎を折った時に白く筋っぽくない部分を折り採る。花のつぼみがついていても菜の花のように食べられる。

🍲 **下ごしらえと調理方法**　ゆでて苦味があれば、少し水に放しておく。おひたしや、辛子酢、マヨネーズであえものにするとよい。

平地・野

ハコベ
はこべら、あさしらげ、ひずる

分　類：ナデシコ科
分　布：北海道～九州
生育場所：畑・庭・道端
採取時期：春

🔍 **見分け方のポイント**　春～秋に、空き地があればどこにでもはびこる草で、真冬にも日だまりに白い小さな花をつけている。1株から多くの枝を出して広がっている。葉は対生し茎の一側に軟毛がある。春の七草の「はこべら」は本種のことである。

✂ **採り方**　根を除いた全草が食べられ、開花と発芽を繰り返すから、いつでもやわらかいものを採ることができる。ハコベには数種類の仲間があるが、どれも同じように利用できる。

🍲 **下ごしらえと調理方法**　ゆでておひたしやあえもの、汁の実に。ほこり臭い特有の味が気になる場合は、タマネギなどと合わせてかき揚げにするとよい。

平地・野

イヌビユ
のびゆ、はびゆ、はびょう

分　類：ヒユ科
分　布：日本全国
生育場所：畑・道端・空き地
採取時期：夏

見分け方のポイント　畑や荒れ地に生え、雑草として嫌われる存在だ。高さ40cmくらいまで伸び、茎は褐紫色を帯びるものが多い。葉は菱状卵形で、先がちぎられたようにへこんでいる。緑色の花が茎に粒のようにかたまってつく。

採り方　新芽ばかりでなく、太く肥えたものは伸びてもやわらかい。葉と、茎が自然に折れるところから折り採る。

下ごしらえと調理方法　くせがなく、思いがけないおいしさである。料理も工夫次第で幅が広がる。生で天ぷらや玉子とじ、煮ものに。ゆでて、あえものや炒めものに使える。硝酸カリウムを含んでいるので食べ過ぎないよう注意しよう。

| 平地・野 |

アカザ・シロザ

うまなずな、さとなずな

分　　類：ヒユ科
分　　布：日本全国
生育場所：畑・道端・空き地
採取時期：春

🔍 **見分け方のポイント**　畑や荒れ地の雑草で、どこにでも生えている。縦に赤紫色の太い線があり、葉の若いうちはキラキラする粉に覆われている。この粉の赤いものをアカザ、白いものをシロザというがどちらも同じ植物。シロザが原種で数も多い。高さ1mほどになると、葉の粉は落ちて表面は緑、裏は白っぽくなる。たらこ粒ほどの細かな花がつき、やがて実を結ぶ。縄文時代から食べていたというから驚きだ。若い実も食料となる。

平地・野

夏の終わりにはこんなに大きくなり、小さな花をたくさんつける。

シロザ P76のアカザとは色が違うだけ。

ベーコンと合わせたガーリック炒め。

> 古代からの山菜は
> 万能野菜のよう

採り方 出始めの芽と若い葉を採る。新芽は摘むとすぐに伸びるから、採取時期の長い山菜だ。実は熟しすぎるとかたくなるから、若い実を穂ごとしごいて採る。

下ごしらえと料理方法 葉についている粉を水でよく洗い流してゆでる。ゆでると粉はすっかりなくなる。アクもなく、おいしい山菜だ。葉もの野菜のつもりで料理すればよい。どんなあえものでも合う。オリーブオイルとニンニクで炒め、塩コショウで味つけすればビールに合う。実はゆでて、かつお節と醤油で佃煮にする。

平地・野

スイバ・ギシギシ
すかんぽ、すいじゅ、すいかんしょ

分　類：タデ科
分　布：北海道〜九州
生育場所：土手・草地・田の畦
採取時期：春

🔍 **見分け方のポイント**　スイバは秋、他の草が枯れ始めた頃に、青々とホウレンソウに似た葉を茂らせる。これは越冬芽で、冬になり霜に当たると全体が赤味を帯びる。長いだ円形の葉は深いやじり形にくびれ、根元から長い柄を出して葉を広げる。スイバとは酸っぱい葉という意味である。よく似たギシギシは、葉が大きく縁が波打つので区別がつく。葉はやはり酸っぱい。オカジュンサイの地方名通り若芽は丸く巻いて、透明なぬめりのある袋をかぶっている。

平地・野

田んぼの畦に咲くスイバの花（P78もスイバ）。ギシギシもよく似ている。

スイバのマヨネーズあえ。

ギシギシの一夜漬け。あとを引くおいしさ。

> 快い酸っぱさが
> 食欲をそそる

採り方 どちらもぬめりが強いから、ナイフで株の基部を水平に切る。株ごと採れるが、中心部のきれいな葉を利用すればよい。スイバは若芽ばかりでなく、冬でも葉がやわらかくおいしい。

下ごしらえと料理方法 蓚酸を含んでいるので、よくゆでてから料理しよう。多食は避けた方がよい。酸味とぬめりを味わうために、酢味噌あえやマヨネーズあえ、三杯酢にするとよい。葉の巻いたギシギシの糠漬けは古漬けがおいしく、スイバは1日くらい塩漬けした即席漬けが珍しさも手伝っておいしい。

平地・野

コウゾ
あじのき

分　類：クワ科
分　布：本州〜沖縄
生育場所：林
採取時期：夏

🔍 **見分け方のポイント**　低山の林の縁や川沿いなどに生える木で、高さ2〜5mほど。葉はざらざらとして、少しゆがんだだ円形をしている。花は、雄花は小枝の脇につき、ウニのような形の雌花はその少し上に、葉が大きくなる前に咲く。6月頃、朱色のつぶつぶのある実がつく。この木は和紙の原料だ。

🌱 **採り方**　細く横に伸びた枝に実がついているから、たぐり寄せて摘み採る。実はとてもやわらかくつぶれやすいから丁寧に採る。

🍴 **下ごしらえと調理方法**　甘いのだが、かたくとがった花柱が口に残り舌に刺さる。生食よりもジャムや果実酒に利用した方がよい。ジュースにする場合は絞った後で実を濾した方がよい。

平地・野

カラハナソウ

分　　類：アサ科
分　　布：北海道、本州（中部地方以北）
生育場所：草地、林縁
採取時期：春

🔍 **見分け方のポイント**　中部地方以北から北海道の山地に生えるつる草で、まわりの草木に覆いかぶさっている。茎と葉柄に下向きの棘状の毛があり、また葉も両面ともざらざらしていて、他のものにつかまりやすい。雌花は淡緑色の苞に包まれ、苞が生長すると3cmくらいの卵形になってぶら下がり、まるで紙細工のようだ。ビールの苦味をつけるホップの仲間である。

✂ **採り方**　葉を広げる前の新芽を摘むが、とげとげしているから軍手をして摘むのが無難である。

🍽 **下ごしらえと調理方法**　ゆでると棘は気にならなくなる。ジャガイモとともに味噌汁にすると相性がよく、思わぬ味となる。

平地・野

ヤマモモ

分　類：ヤマモモ科
分　布：本州（関東以西）〜沖縄
生育場所：照葉樹林
採取時期：夏

🔍 **見分け方のポイント**　暖地の山中や海岸沿いの山林に自生し、細長くかたい葉を茂らせる常緑樹である。この木は雄木と雌木がある。梅雨の頃、雌木には暗赤色の実をびっしりとつける。完熟した実が地面に落ちて、足の踏み場もないほどだ。水分をたっぷり含み、甘酸っぱさと松ヤニのような香りはヤマモモだけが持つ味覚である。庭木や防風樹としても植えられ、また樹皮は古くから染料になり、特に塩水に耐える特徴から漁網を染めるのに用いられた。

平地・野

鈴なりに実ったヤマモモ。種子は大きいが甘酸っぱくておいしい。

ヤマモモのワイン煮とゼリー寄せ。 　　ヤマモモ酒は美しいワイン色に仕上がる。

> ピンク色の美しい
> 果実酒をつくろう

採り方　生食には充分熟したものがよく、木の下にシートを敷き木を揺すって落とす。果実酒や砂糖漬けには熟しかけを利用する。大きめの実を選んでひとつずつ摘み採る。

下ごしらえと料理方法　実の中に虫が入っている場合が多いので、塩水につけるか、かための実は塩をすり込むようにしてから水に放し虫を出す。生食が最もおいしい。果実酒➡水気をよくふき、砂糖、皮をむいたレモンとともに焼酎に漬ける。実とレモンは6か月で取り出す。種子を抜いてジャムや、丸のままワイン煮などに。

| 平地・野 |

ドクダミ
じゅうやく、どくだめ、どくとまり

分　類：ドクダミ科
分　布：本州〜沖縄
生育場所：山野の林床・道端
採取時期：春

🔍 **見分け方のポイント**　家の北側や、湿気の多い場所にいくらでも生えていて、特有の臭気がある。白い地下茎が少しでも残ると、すぐにそこから芽を出して群生するから、たやすく採取できる。ハート形の葉と初夏に咲く花は捨てがたい風情がある。この4枚の白い花弁に見えるのは苞（総苞片）で、中央にある棒状の黄色の部分が実際の花。ドクダミ茶などの薬草として重用されているものの、山菜としては抵抗感もあるが、料理次第で珍味となるからおもしろい。

平地・野

林縁に咲き乱れるドクダミの花。やや日陰気味で湿った場所に多い。

天ぷらは充分に揚げるのがコツ。

根のきんぴらもおつな味だ。

> 臭気を残さない
> のが料理のコツ

採り方 花の咲く前のやわらかい若芽と若葉を摘む。地下茎はいつでもよく、スコップなどで掘り起こす。

下ごしらえと料理方法 ゆで方➡柄を指でつぶしてやわらかくなれば水にとり、3時間くらいはそのまま置く。また地下茎は軽くゆで、一晩水にさらして臭気をとる（いずれも途中で水を替える）。天ぷら➡油がぬるいと臭気が残ることがある。熱めの油で衣に色がつくくらい揚げる。あえものは甘味の少ない酢味噌あえが合う。根は油で炒めた後、醤油と砂糖などを入れて煮込む。

平地・野

ヤマノイモ

じねんじょ、やまいも、さんやく

分　類：ヤマノイモ科
分　布：本州〜九州
生育場所：雑木林・山野の林縁
採取時期：秋

見分け方のポイント　栽培品のナガイモに対し自然の山野に生えるから自然薯(じねんじょ)とも呼ばれる。このジネンジョの方が粘りが強くこくがある。茎がつるになって他のものに巻きつき、葉は長細い三角形で対生している。葉のつけ根に小さなイモ(むかご)がついていて、これも食べられる。根のイモは地中に直下する。この近くに苦味が強く食用にならないオニドコロが生えているから注意しよう。オニドコロは丸いハート形の葉が互生しているから区別しやすい。

平地・野

秋に葉が黄葉するのでよく分かる。むかごとイモと利用価値が高い山菜だ。

むかご。これからも芽が出る。

むかごの味噌あえ。酒の肴に最適。

苦労して掘れば手にした喜びはひとしお

🌱 **採り方** 地上部が枯れた頃が掘りどきで、むかご採りの際、印をつけておく。長い棒先に刃のついた専門道具などで掘るが、丁寧さと根気が必要だ。掘り跡は必ず埋め戻すことを忘れずに。一般にはむかご採りがよい。手で触るとポロポロ落ちるころが最適。

🍲 **下ごしらえと料理方法** アクが出て変色するから、イモは皮をむき酢水につけてからおろし、だし汁を加えてとろろにする。海苔で巻いたりきざんでわさび醤油で食べる。むかごは塩ゆでした後、クルミやゴマあえに。また米と一緒に炊きあげれば、むかご飯になる。

| 平地・野 |

ノビル
たまひる、ひろ、ひろっこ、ぬびる

分　類：ネギ科
分　布：日本全国
生育場所：道端・土手・畦道・空き地
採取時期：春

🔍 **見分け方のポイント**　農道や土手、河原に細長い線のような葉がかたまって生えているのがノビルだ。葉をちぎるとネギやニラと同じような臭いがする。地下に丸い球（鱗茎）があり、それを食べる。やせた細い葉がからまっているような株は球も小さいが、独り立ちしている株の球は2cm近くある。5〜7月頃、長い花茎の先端に薄紫色の小さな花を四方に散らすように開き、その花の根元に金平糖のようなむかごができる。

平地・野

ノビルの鱗茎。スコップで掘り出し、小さなものは必ず埋め戻そう。

タコと合わせた酢のもの。

酢味噌あえ。ほどよい辛味がおいしい。

> ぬたやそのまま生で春の香りを

採り方 葉だけを引っ張ると途中で切れてしまう。スコップで株ごと掘り起こし、大きな球の株だけを引き抜き、後は埋め戻す。葉も食べられるから持ち帰ろう。花茎が立っているものは葉がかたいから、球だけを利用する。

下ごしらえと料理方法 球の外側の薄皮を1枚むき、根を除く。葉先の汚れもきれいにする。生で味噌をつけるだけで格別の味だ。葉つきのまま天ぷらに。葉ごとゆで、酢味噌あえ、おひたし、マヨネーズあえに。風邪気味なら、きざんで熱湯をかけて飲むとよい。

平地・野

ヤブカンゾウ
かんぴょう、ぜんていか

分　類：ユリ科
分　布：北海道〜九州
生育場所：田畑の畦・土手
採取時期：春

🔍 **見分け方のポイント**　早春、他の草に先駆けて細長い葉が左右に2列、根元から抱き合うようにして芽を出す。土手を若緑色に染めるほどのヤブカンゾウの群落を見ることがある。この若芽の生長は早く、花茎を1m近くに伸ばして力強く葉を広げ、夏にオレンジ色の八重咲きの大きな花を咲かせる。日中、満開の花を手折っても、晩にはしぼむ1日花である。6弁花の百合に似た花を咲かせるノカンゾウも同様に利用し、若芽の頃はどちらとも区別がつかない。

平地・野

野原に咲き乱れるノカンゾウの花。P90はヤブカンゾウだが新芽はよく似ている。

八重咲きのヤブカンゾウの花。　　新芽の天ぷら。

一度食べたら忘れられない味

採り方　若芽にはぬめりがあり、素手ではうまくちぎれない。根際から葉がバラバラにならぬようナイフで採る。花やつぼみは花柄にアブラムシが多量についている場合があるから注意する。

下ごしらえと料理方法　若芽はほのかな甘みと歯ざわりを味わいたいから、ゆで過ぎは禁物。また花やつぼみは質がやわらかいので、サッと熱湯にくぐらせる程度でよい。若芽は酢味噌あえがいちばん合う。他にマヨネーズや辛子などのあえものに。ベーコンとの油炒めも合う。花は酢のものにしよう。

平地・野

サルトリイバラ

さんきな、がんだちいばら、かから

分　類：サルトリイバラ科
分　布：日本全国
生育場所：山野・野原・林・薮の縁
採取時期：春〜夏

見分け方のポイント　茎がかたく鋭い棘を持ったつる性の植物である。春先に出る若葉のつけ根にある、小さな葉が変化した巻きひげで、他のものにからみ茎を伸ばす。だ円形の葉はかなり大きくなり、つるつるしてかたく、葉裏は粉がふいたように白い。餅を蒸かすのにお互いつかないよう隔てに使ったりする。秋に雌株に赤いサンゴ珠のような実がかたまってつく。葉はカシワの代わりにだんごを包み、茎は箸に、根を漢方薬にと、生活の中に溶け込んでいる。

平地・野

真っ赤に色づいたサルトリイバラの実。食用にはならないがリースなどの飾りになる。

だ円形の葉も特徴的だ。

新芽のゴマあえ。

> カシワにはない香りの餅は故郷の味

採り方 若芽は山菜として採る。生長した葉は餅を包むのに利用する。傷のないものを選び、葉が小さければ上下2枚で餅を包む。柏餅としてカシワの葉を使う地域よりも、サルトリイバラの葉を利用する地域の方が多いようだ。

下ごしらえと料理方法 天ぷらは両面に薄めの衣をつけ、低めの温度でゆっくりと揚げる。ゆでたものはゴマあえなどに。大きくなった葉を湯にくぐらせてきざみ、もみながら干して保存し、お茶代わりにすることもできる。

平地・野

ハチク
くれたけ、からだけ

分　類：イネ科
分　布：日本各地（野生化）
生育場所：林や薮など
採取時期：春〜初夏

見分け方のポイント　中国原産で栽培されているが、山中でも野生化している。竹の太さは3〜10cm、高さ5mくらいで、モウソウチクよりもずっと小形だ。タケノコは皮が紫色を帯び、斑点がなく産毛がある。先端の葉はパーマをかけたように波打ち縮れている。

採り方　30〜40cmくらい伸びたタケノコを、鎌などで切り採る。地面に近い部分はかたく、一般のタケノコ掘りとは違って地中にあるうちに掘り起こして採ることはしない。

下ごしらえと調理方法　掘りたてをすぐに処理するのが最良。アクはさほどではないが、皮をむき米のとぎ汁で串が通るくらいになるまでゆでた後、水にさらす。煮ものや味噌田楽などに合う。

平地・野

イチョウ
ぎんなん

分　類：イチョウ科
分　布：各地
生育場所：社寺の境内・公園など
採取時期：秋

見分け方のポイント　街路樹や神社に植えられている、雌雄異株の木。扇形の、中央に切れ込みのある葉は、秋の黄葉の代表選手だ。この頃に雌の木が、黄熟すると独特な臭いを発する丸い実を落とす。果肉を除くと中から出てくる種子が、ギンナンである。

採り方　果肉などでかぶれたりすることがある。直接手で触れないよう軍手を使い、袋などに拾い集める。

下ごしらえと調理方法　実を土に埋めるか水につけ込み、果肉を腐らせた後に水洗いして乾燥させる。長期保存するには殻ごと冷凍するのがよい。鬼皮をむいてゆで、牛肉と甘辛煮、煎って酒の肴、その他に茶碗蒸しや炊き込みご飯の具など、幅広く利用できる。

平地・野

ツクシ（スギナ）
つくしんぼ

分　類：トクサ科
分　布：日本全国
生育場所：田畑の畦・土手・空き地
採取時期：春

🔍 **見分け方のポイント**　ツクシは春の訪れを伝える代表選手だ。草原などのツクシ摘みはのどかで楽しい。ツクシは胞子をつくるもので、いわば花にあたる。茎についているはかまは葉だ。ツクシが枯れた後に出るスギナが葉と茎である。ツクシもスギナも同じ地下茎から出るが、ふつうスギナは食用にしない。ごく若いスギナをゆでて炒めものにしたり、乾燥させてお茶の代用にする地方もあるようだが、見た目も手ざわりもゴソゴソして、食欲がわくものではない。

平地・野

ツクシの後に伸びるスギナ。同じ植物なのに2つの名前を持つ。

ツクシご飯もおいしい。　　　　　　　ツクシの煮びたし。濃い味つけが合う。

春のほろ苦さの味を冷凍保存

🌱 **採り方**　胞子が出る前の若いものが最適。頭部の六角形の胞子袋が開いたものは、苦味が強いので茎だけを利用する。ツクシを摘むごとにはかまを取り去れば、後始末が楽だ。

🍲 **下ごしらえと料理方法**　はかまを取って水で洗うと緑色の胞子がかなり出る。苦味が苦手の向きには、2度ほど水洗いを繰り返すとよい。ゆでたものをザクザク切り、油揚げとかつお節を加えて醤油、砂糖で味つけする。そのまま食べてもよし、炊き上がったご飯に混ぜればツクシ飯になる。他に天ぷら、玉子とじなどに向く。

山
高原

　数多くの植物がその命を育んでいる山や高原。古くから人々はそこで採れる山菜を「山の恵み」として、生き物たちと分け合って大切に利用してきた。山の山菜を楽しむことで、自然の中の一員という立場を思い出そう。

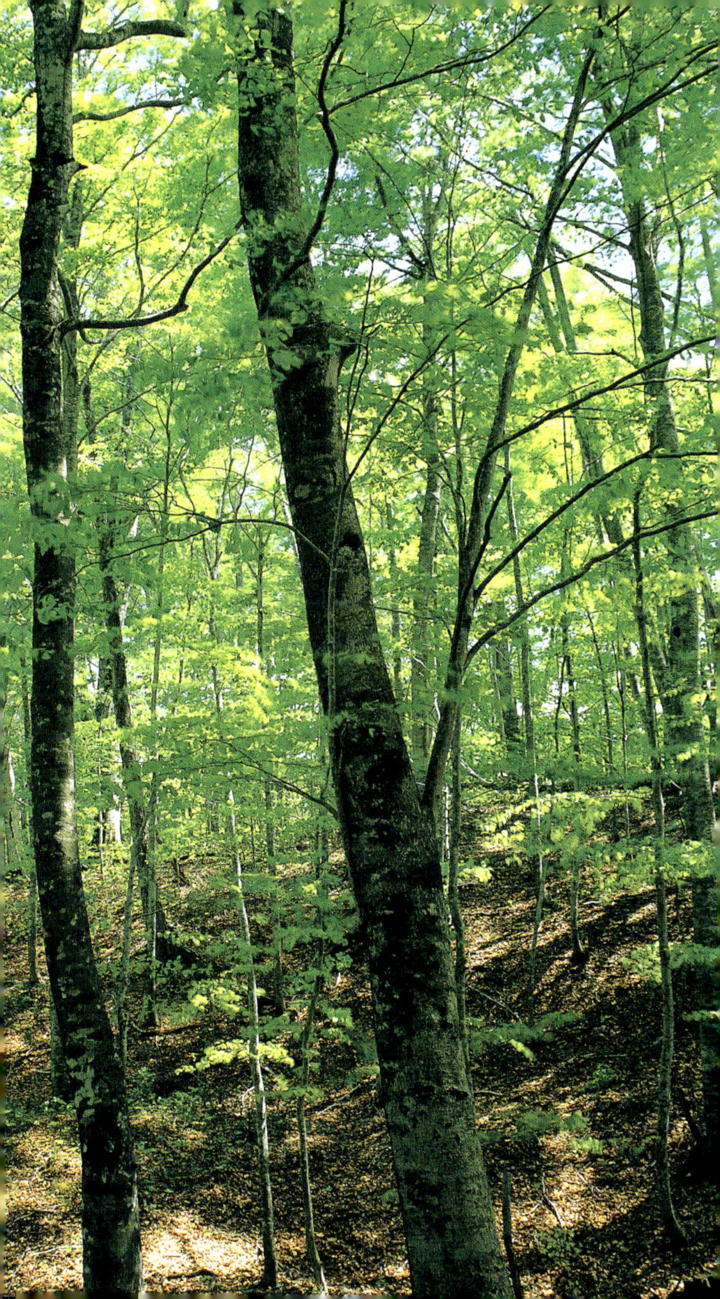

山・高原

アザミ類

分　　類：キク科
分　　布：本州～九州（種類によって異なる）
生育場所：山野の草地
採取時期：春～秋

🔍 **見分け方のポイント**　アザミ類には地方や山域ごとに、非常に多くの種類がある。しかし、紅紫色の花は上向きや下向きに咲く違いはあるが、葉や茎に鋭い棘を持つなどの特徴は共通していて形に大差はない。また、どれもくせのないおいしい山菜である。可食部も若芽や茎、根と3通りあり、それぞれに採取時期が異なるから、春から秋まで長期に渡って楽しめる。一般に山ゴボウとして売られているのはモリアザミの根が多い。

山・高原

モリアザミの花。アザミ類の種類は多いが、どれも似た姿で、同じように利用できる。

山ゴボウの醤油漬け。

ナンブアザミの茎の佃煮。

> きんぴら、佃煮、
> 糠漬けと家庭の味

採り方 素手での採取は避ける。(春)若芽➡葉をばらさないよう1株ずつナイフで切る。(初夏)茎➡若い茎を、まず葉を棒でたたき落とし、ナイフで切る。(秋)根➡スコップで掘り上げる。

下ごしらえと料理方法 若芽➡よくゆでる。アクが強いから水にさらすとよい。棘はゆでるとやわらかくなる。天ぷらやあえものに向く。茎➡塩で板ずりした後、ゆでて皮をむく。切りそろえ数本をまとめて天ぷらに。細かめに切り佃煮によい。お茶漬けやおむすびの具に最適だ。根➡よく洗い、きんぴらや味噌漬けがおいしい。

山・高原

オヤマボクチ

分　類：キク科
分　布：北海道〜四国
生育場所：草地
採取時期：春

見分け方のポイント　春、草原などに全体に白い綿毛のある若葉が、土中から直接出ているかのように生えている。茎は1m近くに伸び、アザミの花のような大きな赤紫色の花が、いくつも分かれた茎に重そうに咲く。長さ20cmくらいの大きな葉の縁はギザギザになってかたく、根元を陰にするように茂る。

採り方　若芽のうちに、外側の大き過ぎる葉や、かたい葉を除いた中心部の葉を1枚ずつナイフで切り採る。

下ごしらえと調理方法　生で天ぷらにする。ほろ苦い味がおいしい。また、ゆでて細かくきざんだものをすり鉢ですって、草餅やそばのつなぎに利用する。

山・高原

カニコウモリ

分　類：キク科
分　布：本州（近畿地方以北）、四国
生育場所：針葉樹林内
採取時期：春

🔍 **見分け方のポイント**　亜高山の針葉樹林の中などに生えるキク科の山菜である。茎の高さ40～80cmくらい、葉は茎にたいてい3枚つく。幅20cmくらいの大きな三角形で、縁が粗く切れ込み、所々が尾のように長い。その様子がカニの甲羅に似ることから、この名がついた。夏、長い花茎に白い小さな花をいくつも咲かせる。

🌿 **採り方**　群生していて採りやすいが、深山に生育していて手近に見られないのが残念だ。葉が開き始める前の若芽を手で折る。

🍽 **下ごしらえと料理方法**　かたくなった部分を除き、ゆでて水にさらして水気を切る。ゴマやゴマ味噌、クルミなどと一緒にあえものにするとおいしい。

山・高原

モミジガサ

しどけ、とうきち、木の下

分　類：キク科
分　布：日本全国
生育場所：沢沿いの湿った林内
採取時期：春

🔍 **見分け方のポイント**　雪解け水がしみ出した山地の樹陰や沢沿いなどに、モミジに似た葉をつけ一斉に若芽を伸ばしている。太めの茎は暗紫褐色を帯び、光沢のある葉はやわらかく、いかにもおいしそうだ。東北地方などではシドケと呼び、人気のある山菜のひとつである。生長した茎が70〜80cmになり、白く細長く目立たぬ花をつける頃には、葉はつやを失いモミジというよりヤツデの葉のように大きくなって、若芽のかわいい姿とはほど遠い。

山・高原

モミジガサの花。白い花は葉に比べると目立たない。

豚肉と合わせた油炒め。

独特の旨味を天ぷらで味わう。

> 軽いえぐ味と香り
> は通好みの山菜

✂ 採り方 手で茎を軽く持ち、自然に折れるところから摘む。手の温もりでじきにかたくなるから、かごや袋にすぐ入れよう。

🍲 下ごしらえと料理方法 袋に入れておいても、料理をする頃には茎の下の方がかたくなっているから、この部分は取り除く。天ぷらが合う。軽いえぐ味が残るが、これがモミジガサの旨味だ。ふつうにゆでて、おひたしで香りを味わう。他にマヨネーズやゴマあえなどのあえものに。豚肉の細切りを炒め、モミジガサを加えて味噌と少量の砂糖で味をつける油炒めもよい。

山・高原

ヤブレガサ

分　類：キク科
分　布：本州〜九州
生育場所：丘陵地の林内
採取時期：春

見分け方のポイント　何とも愛嬌のある姿が、山の木陰のあちこちに芽生えている。絹毛に全身を覆われたその姿は、合羽を着た股旅者が風に吹かれて立ちすくむように見える。若葉が少し開き出すと絹毛は取れて、まさしく名の通り葉の切れ込み加減が破れた傘のようだ。夏の終わり頃には1m近く茎を伸ばし、小さな白い花をつけ、葉も直径22〜23cmの大形となる。採取時に温もりで茎がかたくなるのはモミジガサと同じで、味や料理方法も変わらない。

山・高原

葉が開くと、その名の通り破れた番傘にそっくり。絶妙なネーミングだ。

花の後に残った種。

油分のあるゴマとは相性がよい。

> 植物の容姿を愛でる
> のも山菜採りの妙

採り方 モミジガサ同様、葉が少し開き始めた若茎を摘む。しかし、ヤブレガサの芽生えのときは、1本の茎に葉が1枚しかつかない。1か所で根こそぎ採るようなことがないようにしたい。

下ごしらえと料理方法 茎のかたくなった部分は除く。ゆで過ぎに注意しよう。ゴマやクルミをすり鉢ですり、味噌、醤油、砂糖を加えてのばし、あえる。また味噌の代わりに、豆腐をよく水切りしてから加えた白あえもおいしい。油分のあるこくの深いものであえるのがよい。その他は天ぷらやおひたしにする。

山・高原

ヨブスマソウ

分　類：キク科
分　布：北海道〜本州（関東地方以北）
生育場所：林内
採取時期：春

🔍 **見分け方のポイント**　山の林の中でスミレの花に混ざって、若草色のヨブスマソウが目立つ。胸を張るように立つ草姿は大きめな三角形の葉が特徴で、その葉のつけ根が杓子のようになって茎を抱いている。また茎を折れば中空である。この仲間はとても多くの種類があって、地方ごとにすみ分けている。中でも直系というのだろうか、東北にあるイヌドウナや、茎が中空でないタマブキなど、山菜として親しまれ、いずれも同じようにおいしく食べられる。

山・高原

東北型のイヌドウナ。ヨブスマとはムササビのことで、葉の形を飛ぶ姿にたとえたもの。

油揚げと一緒に煮ものに。

天ぷらも山菜料理の基本だ。

> 採りたてもよいが
> 塩漬けがおすすめ

採り方 同じ環境に群生しているから探しやすい。若芽は茎が20cm以下のものを根元から摘む。少し茎が伸びてしまったものは、先端のやわらかい部分を摘む。

下ごしらえと料理方法 生で天ぷらや煮ものに。煮ものは汁を多めにして、ゆっくりと煮込む。ゆでたものはしばらく水にさらし、水気を充分に絞ってから、ゴマ、クルミ、ピーナツなどであえる。またカレー煮もおもしろい。塩漬けしたものを塩抜きして玉子とじやおひたしにすると、生で食べるよりもおいしい。

山・高原

リュウノウギク

分　　類：キク科
分　　布：本州、四国、九州（宮崎県）
生育場所：草地、崖地
採取時期：初夏～初秋

🔍 **見分け方のポイント**　山林の崖など、日当たりのよい場所によく見られる。このキクの芳香が竜脳という香料に似ているのでこの名がついた。実際、花の頃には、あたりによい香りを漂わせている。葉はふつうのキクの葉を少し丸く小形にした形で、葉裏には灰白色の毛が密生している。秋、白か淡紅色の花が咲く。葉や花は食用菊と同じに利用できるから、庭に植えておけば観賞用と食用と2通りに楽しめる。乾燥した葉は、入浴剤としてもよい。

山・高原

岩場や崖など険しい環境に力強く育ち、花を咲かせる野菊である。

淡く紅色を帯びた白色の花。

天ぷらは葉の形を整えて揚げると美しい。

> **秋の夜長は菊の花酒がよい**

採り方 若芽、葉（初夏から秋口のやわらかい葉ならいつでも摘める）、花（あまり開きすぎないつぼみ）を摘む。

下ごしらえと料理方法 若芽も葉も花も、天ぷらがいちばんおいしい。葉と花をゆでて酢醤油で食べるか、ダイコンを薄い拍子切りにし、シラス干しと混ぜ合わせてゴマ醤油ドレッシングであえる。汁の実に散らす。菊の花酒➡葉や花を水洗いの後よく乾かし、35度の焼酎に砂糖、輪切りのレモンを加えて仕込む。1か月ほどでキクの香りがほのかに漂う酒ができる。

山・高原

オケラ

うけら、うわおろし

分　類：キク科
分　布：本州〜九州
生育場所：草地・雑木林
採取時期：春

見分け方のポイント　晩夏から秋に花を咲かせ、茎の高さ1mほどの変わった風貌の草である。白く細い花弁を魚の骨のようなトゲトゲした苞葉に包み、縁は鋸歯のように鋭い。なぜこんなにガードをかためているのだろう。だが春に芽を出すときは、全体に白い綿毛をまとい、弱々しくやわらかい。摘むと白い乳液が出る。山で旨いものと詠われ、昔から山菜として親しまれる他に、正月に使う屠蘇の原料をこの根から採るなど、薬草としても利用される。

山・高原

比較的、地味な花だが、昔から山菜や薬草として利用され、万葉集にも詠われている。

オケラの花。花弁は細く細かい。

天ぷらは衣をつけすぎないようにする。

> シンプル素材には
> 味つけに工夫を

採り方　去年に咲いた茎が、魚の骨状の苞葉を残したまま枯れて倒れているのを見つけると、新芽がその株の根元に何本かまとまって生えている。株が若いと茎も爪楊枝くらいの細さで葉も単葉だが、大きなものは茎が太く葉も複葉だ。細いものは来年にまわし、太い茎のみ採取する。近くにも他の集団が見つかる。

下ごしらえと料理方法　アクやくせがないから軽くゆでるだけでよい。たらこと一緒にマヨネーズであえたり、ツナと酢醤油、おろしあえなど、どんな料理にも使える。

山・高原

ハンゴンソウ
七つ葉、やちうど

分　類：キク科
分　布：北海道～本州（中部地方以北）
生育場所：湿地
採取時期：春

見分け方のポイント　雪解けの湿り気のあるスキー場や沢沿いの道端に、競争するようにあちこちから新芽を出す。20～30㎝の紫色を帯びた茎で、太くてたくましい。その若芽を摘んだときの強い香りには、春の息吹を感じる。香りと同じくらいに強いアクも、春の生命のうちかも知れない。茎は1～2mにもなり、真夏に黄色い大きな花が散房花序をつくって咲く。この花姿が山菜として利用する頃の若芽が生長したものだとは、知らない人が多い。

山・高原

茎を長く伸ばし黄色い花をいっぱいに咲かせる。その姿は野山でもよく目立つ。

小さな花がかたまって咲く。

いつもとは趣向を変えて納豆あえに。

> おいしく食べる
> には一年待とう

採り方 若芽（葉がまだ開いていないもの）や、少し伸びてきた茎の先端のやわらかい部分をナイフで切り採る。長時間、手ににぎっているとアクで手が黒くなるから、すぐに袋に入れよう。

下ごしらえと料理方法 天ぷらにするのがよい。油が汚れるので最後に揚げる。重曹をほんの少し入れて（入れ過ぎるととろけるから注意）ゆで、一晩水にさらしてから、納豆あえ、ゴマあえなどのあえものに。塩漬けにして翌年（6か月くらい）に塩抜きして、煮ものやカレー味の炒めものにすると、味がねれておいしくなる。

山・高原

ソバナ

しゃじん、山ととき

分　類：キキョウ科
分　布：本州〜九州
生育場所：湿気のある傾斜地・岩場
採取時期：春

🔍 **見分け方のポイント**　山地の水場の岩棚などに、青紫色の鐘形の花をたくさんつけて咲く。しぶきを浴び、風に揺れる花姿は美しく、よく目立つ。しかし、初夏に食べ頃の若芽を見極めるのは少し難しいかも知れない。若芽は薄い黄褐色、葉は互生、茎は中空で、折るといやな臭いの白い乳液を出すことなどを目安にするとよいだろう。若芽の姿を覚えてしまえば、採取できるおいしい山菜の種類も増えて、楽しみも増えるというものだ。

山・高原

渓流の脇に咲くソバナ。まわりには他の山菜も一緒に生えているだろう。

紫色で鐘形の花はかわいらしい。

味噌マヨネーズあえは意外に和風な味だ。

> **味を舌で賞め、花を目で賞め**

✂ **採り方** 山道の斜面など、目の高さの位置や足元に寄り集まって芽を出しているから見つけやすい。まず茎を指先でつぶすようにして中空かどうかを調べ、葉を1枚欠いて乳液が出ることを確認してから、1本ずつ折り採る。来年も楽しむために、決して根ごと引き抜かぬように心がけてほしい。

🍲 **下ごしらえと料理方法** ゆでれば臭いは消える。軽めにゆでて、歯切れを楽しむ。かつお節をかけておひたし、味噌マヨネーズや辛子あえなど。酢のものや、かまぼこを芯にした海苔巻きもよい。

山・高原

ツリガネニンジン

ととき、ぬのば、みねば、乳っぱ

分　類：キキョウ科
分　布：日本全国
生育場所：草地・土手・林縁
採取時期：春

🔍 **見分け方のポイント**　ツリガネニンジンと呼ばれるより、トトキの名で親しまれているのではないだろうか。国内のどの地域でも食べられている有名な山菜だ。野原や田の畦道で春の陽射しをいっぱいに浴びて、数本まとまって若茎を伸ばしている。若芽の頃の葉の形に変化が多いが、ふつう赤味を帯びた4〜6枚の葉が輪生し、折ると白い乳液を出す特徴から判断すれば間違いない。草丈は1m近くになり、薄紫色の釣り鐘形のかわいい花を咲かせる。

山・高原

紫色の鐘形の花がかたまって咲く様子は、まるで鈴飾りのような印象だ。

トトキの天ぷらは山のご馳走。

ゴマあえなど、あえものに向く山菜だ。

> トトキ、ミネバ、
> チチクサ皆同じ草

採り方 若芽や少し伸びた茎の先端部を摘み採る。群生しているから見つけやすく、1回に食べる量はすぐに収穫できる。山で旨いものと、オケラと並んで詠われていて、くせがなく食べやすい山菜だ。しかし、すこぶるおいしいとは思えない。

下ごしらえと料理方法 天ぷらやフライもよいが、軽くゆでておひたしやゴマなどのあえものが合う。ゆでたものを豆腐などと合わせた汁の実がよい。また、油揚げや厚揚げと一緒に甘味をきかせて煮つけると、ご飯のおかずにぴったりだ。

山・高原

ウグイスカグラ
田植えぐみ

分　類：スイカズラ科
分　布：北海道〜九州
生育場所：雑木林
採取時期：初夏

🔍 **見分け方のポイント**　ちょうど田植えの頃に実が熟すことから田植えグミとも呼び、真っ赤な実は甘く子供たちにはご馳走だ。山の雑木林に生える低木である。葉裏は粉白色で、春早くに咲く薄紅色の漏斗形の小さな花はやさしい。長い枝の先にぶら下がる実の、つけ根にある反り返った小さなへたや、まるで赤い水が入っているように透けてよく見える種子などの様子がかわいい。よく似たミヤマウグイスカグラは葉や実に産毛があるが、味に変わりはない。

山・高原

ウグイスカグラの花。濃いピンク色で実に劣らず美しい。

収穫したウグイスカグラの実。

ジャムをヨーグルトにのせてみた。

サクランボ感覚で食べてみよう

採り方 酸味がなく甘くておいしいから、採ったはじから口に入れるのが最高だ。もし量が集まりそうなら、つぶさぬように袋に入れて持ち帰ろう。しかし、実が2つ重なったひょうたん形の赤い実があったら、決して口にしないように。有毒植物のヒョウタンボク（キンギンボク）の可能性がある。

下ごしらえと料理方法 果実酒やジュースにする。手間はかかるがジャムもよい。➡つぶして種を除き、砂糖を加えて煮る。青梅の実をきざみ水煮して加えると、酸味ととろみがプラスされる。

山・高原

ガマズミ

分　類：レンプクソウ科
分　布：北海道～九州
生育場所：雑木林・山野
採取時期：秋

🔍 見分け方のポイント　秋、雑木林の中で、さほど高木でない木に5mmくらいの赤い実が放射状の房になってついているのが目立つ。葉脈がはっきりした、粗い毛を持つ葉も美しく紅葉する。葉が落ちた頃、実は甘く熟す。5～6月に白い小さな花をたくさんつける。各地のガマズミの仲間も利用できる。

✂ 採り方　完熟したものを高枝バサミなどで房ごと採るが、果実酒には、少々若く酸味のあるものを採る。

🍴 下ごしらえと料理方法　実を枝からはずし、水洗いをしてよく水を切る。果実酒は砂糖を控えめにして焼酎に漬け込む。ジャムの他、漬けものの色づけにも利用できる。

山・高原

キバナアキギリ

分　類：シソ科
分　布：本州、四国、九州
生育場所：林床、林縁
採取時期：初夏

🔍 **見分け方のポイント**　山地の湿った林に生える、全体に産毛の生えた高さ30㎝くらいの草だ。四角い茎と三角状の矛のような形をしている葉もポイントだ。初秋に咲く黄色の花を横から見ると、ヘビが大きく口を開けたように見える。赤く細い雌しべが、花の中から長く伸びているのがおもしろい。花が紅紫色のアキギリは食用にはしない。

✂ **採り方**　群生するから採取しやすい。葉が開く前の若芽を摘む。

🍴 **下ごしらえと料理方法**　ゆでて水にしばらくさらしてから料理する。ゴマ、クルミ、ピーナツなどのあえものや、豚肉と一緒に油炒めもよい。汁の実にも向く。

山・高原

クサギ
くさぎり、へくさぎ、ぼんさん

分　類：クマツヅラ科
分　布：日本全国
生育場所：山野
採取時期：春

🔍 **見分け方のポイント**　クサギという厄介な名の通り、葉には特有の臭気がある。高さ2～3mの木で、若茎に軟毛があり、葉は先のとがった卵形だ。夏に咲く白い花は萼の赤さと混じって美しく、周囲によい香りを漂わせる。葉の臭いとは大違いだ。また秋に青紫色の実と真っ赤になった萼との調和が絶妙である。ところで、この木の若芽を最初に食べた勇気のある人は何人であったろうか。また調理の仕方で異臭を美味に変えた料理人がすばらしい。

山・高原

姿も香りもよいクサギの花。臭いとか香りとか、鼻で感じることの多い植物である。

特徴的な姿の実も野山でよく目立つ。

ピーナツあえ。味は下ごしらえ次第。

食わず嫌いは損。香味は珍味となる

🌱 **採り方** 若芽や若葉を摘む。群落をつくって生えているから見つけやすい。クサギと聞いても臭い木とは思わず、臭いを連想できない人もいるようだが、一度臭いを覚えると忘れられない。しかし、意外にも、料理方法で少しも気にならなくなる。

🥬 **下ごしらえと料理方法** 重曹を入れてゆで、ときどき水を替えて一晩置く。これで臭気は抜ける。ゴマ、クルミ、ピーナツなどのあえものがよい。このゆでたものを天日乾燥すれば保存でき、調理時にゆで戻せばよい。この場合は白あえなどに向く。

山・高原

コケモモ
フレップ

分　類：ツツジ科
分　布：北海道〜九州
生育場所：亜高山・高山の草原や岩場
採取時期：秋

🔍 **見分け方のポイント**　高山に生える木である。木といっても高さ10〜15cm。光沢のあるだ円形の葉は1〜2cmと小さく、クマザサや他の草の間に隠れるように生え、一見、草かと思う。花は鐘形、薄い紅を帯びた白色で、枝の先端に下向きに咲く。秋、1cmにも満たない実が葉につくように2〜3個組みになって赤く熟す。この実を北海道で冬眠前のクマがおいしそうに食べている映像を見たことがあるが、実際、甘酸っぱくて何ともいえないおいしさだ。

山・高原

亜高山や高山の林縁などでこの実を見つけると、思わず笑みがこぼれてしまう。

コケモモの花は淡い桃色。　　　　コケモモのカナッペはおしゃれな一品。

苦労して集めた実は1粒も無駄なく

採り方　1本の木でかなり実がつくが、木の丈が低く、実が小さいから採取には手間がかかる。1粒ずつ丁寧に摘むのがよい。

下ごしらえと料理方法　実の下側に冠のような萼がついているから処理し、きれいに洗ってジャムにする。希少価値のある高級ジャムができ上がる。実を丸ごと少しの砂糖とともに鍋にかけ、水分が出たら火を細めて、焦げつかないよう鍋底からかき混ぜ煮つめていく。途中、味を見ながら砂糖を加える。コケモモ酒も野性的な香りのある美酒に仕上がる。カクテルに最適だ。

山・高原

ツルコケモモ

分　類：ツツジ科
分　布：本州〜九州
生育場所：亜高山・高山の草原や湿原
採取時期：秋

見分け方のポイント　細い茎がミズゴケの中を這う姿は、これが木であるとは思えない。しかし、立派な常緑樹で、だ円形で5㎜ほどのつやのある厚い葉を持つ。赤く丸いつややかな実は、長い柄に1粒ずつぶら下がってつく。7月に咲く花はピンク色で、シクラメンのように花弁が反り返り可憐な姿である。

採り方　1粒ずつ摘み採るが、生育地が国立公園内の高層湿原で、他の貴重な植物群と一緒の場合が多いので、採取にあたっては充分に注意したい。もちろん保護区域での採取は厳禁である。

下ごしらえと料理方法　そのまま軽くつぶして砂糖を加えて煮つめていく。大変貴重なジャムができる。

山・高原

シラタマノキ

分　類：ツツジ科
分　布：北海道〜本州(中部地方以北・大山)
生育場所：亜高山・高山の草原や岩場
採取時期：秋

見分け方のポイント　高山の乾いた場所に生える、高さ10〜30cmの小さな常緑樹だ。質の厚い小さな葉の縁は鋸歯があり、網状の脈がはっきりとしている。枝先に3〜5個の白色のつぼ形の花がぶら下がり、後に球形の白い実となる。その実をつぶすとサリチル酸メチール(サロメチール)の香りがすることがポイントである。

採り方　1粒ずつ摘み採る。摘みながら口に1粒入れてみよう。ほのかな甘味の後にスーッとした清涼感が口中に広がり、疲れも軽くなる。

下ごしらえと料理方法　生食よりは果実酒に向く。糖分をおさえ焼酎に漬け込み、3か月後に実を出して熟成させる。

山・高原

クロマメノキ
浅間ぶどう

分　　類：ツツジ科
分　　布：北海道～本州(中部地方以北)
生育場所：亜高山・高山の砂礫地や草原
採取時期：秋

見分け方のポイント　亜高山帯から高山帯の砂礫の土壌を好む木だ。風が強く吹き抜ける厳しい環境下に多く、木の高さも30㎝程度にしかならない。夏につぼ形の花をつけ、秋、紅葉をはじめた小さな葉の間に白い粉をふいたような藍色の実をつける。信州浅間地方に多いことから浅間ぶどうとも呼ばれ珍重されている。また、この木に混じって生え、細かい棒を集めたような葉を持つガンコウランの黒い実も同じ時期に実り、甘酸っぱくて食べられる。

山・高原

クロマメノキの実が熟す頃は、葉も美しい紅葉に染まる。

花は赤紫色であまり目立たない。 　　ジャムをアイスクリームに添えてみた。

> ジャムはアイスクリームにかけ

🌿 **採り方**　熟した実はつぶれやすいから、丁寧に扱おう。また採った実も傷みが早いから、蒸れて悪くならないうちに早めに調理しよう。この木は採取禁止地域に多く生育している。採取の際はルールを守るよう心掛けたい。

🍲 **下ごしらえと料理方法**　水洗い後、よく水気を切り、ジャム、ジュース、果実酒に利用する。ジャム➡砂糖を入れて煮つめるが、かき混ぜる頻度が多ければプレザーブタイプになる。実の形を残すには火をごく弱くして煮るが、煮つめ過ぎは冷めるとかたくなる。

山・高原

リョウブ

分　　類：リョウブ科
分　　布：日本全国
生育場所：山地の林
採取時期：春〜初夏

🔍 **見分け方のポイント**　かなり背の高くなる木である。大きめの葉は互生しているが枝先に集まっていて、輪状に生えているように見える。葉の縁は細かく鋭い鋸歯で、毛があってぽったり感がある。木の皮は薄くむけ、サルスベリのようになめらかな木肌だ。この成木を見る限り、あまり食欲はわかない。

✂ **採り方**　まわりを探せば、丈の低い木もある。手の届きそうな枝先についたやわらかな若芽を、葉をばらさないように摘む。

🥬 **下ごしらえと料理方法**　ゆでて水にさらしてから、ゴマあえ、煮びたしにする。醤油味のご飯に、細かくきざんだ若芽を混ぜればリョウブ飯になる。

山・高原

ヤマボウシ

分　類：ミズキ科
分　布：本州〜九州
生育場所：山地の林・公園
採取時期：秋

🔍 **見分け方のポイント**　山中で水平に枝を広げた木で、梅雨時、十文字形の白い花を葉の上にのせるように咲かせている。街路樹のハナミズキによく似ている。実は、中央にある緑色のかたまりが本当の花の集まったもので、白い花弁に見えるものは苞である。秋に花はひとつにまとまり、真っ赤な球形の実となる。柄も長くサクランボのようでかわいらしい。

✂ **採り方**　木を揺すって柄ごと落ちた実を拾い集める。よく熟した実は甘く、動物たちも大好物らしい。

🥬 **下ごしらえと料理方法**　そのまま洗ってテーブルへ。デザートとして食べる。酸味がないので、果実酒は必ずレモンを入れて仕込む。

山・高原

ハナイカダ

ままっこ、むこな

分　　類：ハナイカダ科
分　　布：日本全国
生育場所：山地の湿った岩礫地・林内
採取時期：春

見分け方のポイント　山の雑木林に生える2m近くの木だ。なんといってもこの木の特徴は花のつき方である。緑色の枝先にある葉の表面の真ん中に淡緑色の小花がかたまってついているのだ。やがてその花の後、まん丸の黒い実になる。葉をいかだに見立てて、のる花がどんな気分なのか創造の神に聞いてみたい。山菜として利用するのは若芽だが、大きめの葉を開いてみると、つぼみがちゃんと葉の中央についているから間違えることはない。

山・高原

ハナイカダの実。葉の中央にポツンと実っているのは何とも不思議な姿だ。

辛子醤油との相性もよい。

天ぷらは葉をばらさないように注意。

> 手早く調理しソフトな味を楽しもう

採り方 葉が開く前の若芽を枝のつけ根から摘み採る。アクもないから指が黒くならず、簡単に指先でつまみ採れる。同じ場所にかたまって生え、枝も多数伸ばしているから、採取も楽である。

下ごしらえと料理方法 葉に花がついていても差し支えない。軽くゆで、おひたしや様々なあえもので、おいしく食べられる。天ぷらは葉がばらばらにならぬよう、苞をはずして揚げる。汁の実にはゆで上がったものを最後に入れてもよいが、生のまま水から煮上げ、味噌汁やすまし汁にしてもよい。

山・高原

タラノキ
たら、たらんぼ、たらの芽

分　類：ウコギ科
分　布：日本全国
生育場所：薮、伐採地
採取時期：春

見分け方のポイント　山菜の代表格といえるだろう。現在では都会ばかりでなく、山里のスーパーでも野菜同様に売られている。野山の日当たりのよい場所なら鋭い棘で覆われた木をいくらでも見ることができたが、最近ずいぶん少なくなった。はかまから赤味を帯びた葉を出し始めた頃は、ぼってりとして旨そうだ。あまり枝を出さない木だから、葉芽を全て採ってしまえば枯れてしまう。2番芽を採ったら、その木でのその年の採取は終わりにする配慮が必要だ。

山・高原

タラノキは葉の形、棘、そしてこの花と、特徴的で覚えやすい山菜でもある。

小さな花がたくさんつく。

たらの芽の天ぷらは山菜料理の王様だ。

> 好み人それぞれ、
> 天ぷら、味噌あえ

採り方 幹のてっぺんの1番芽が6cmほど伸びた頃、刃ものを使わず、はかまをつかんで枝からもぎ採る。棘があるから軍手の用意を忘れずに。背の高い木は、木を傷めぬようカギ枝やロープを使って木をたわめ、たぐり寄せて採る。

下ごしらえと料理方法 はかまを除き天ぷらやフライに。棘は調理すると気にならない。ゆでて、しばらく水にさらし、あえものにする。ゴマ味噌がよく合う。野外で、生のままたき火などで直に焼き、味噌や醤油で食べる。濃厚な味が引き出されておいしい。

山・高原

ウド
山うど

分　類：ウコギ科
分　布：日本全国
生育場所：崩壊地などの斜面
採取時期：春

🔍 **見分け方のポイント**　太い茎が土を持ち上げ若芽を出す。夏には高さ1～2mにも達する大形の草で、俗にいう"独活の大木"になる。陽射しの下で茎は緑色が濃くかたくなる。根が深く地中の茎が長いものが食べ頃だ。傾斜地でよいウドに巡り会うのもそのためである。土の中では茎の皮は赤く、荒い毛も生えていない。栽培ウドは陽に当てずモヤシに育てたもの。野生をヤマウドと呼び別種扱いするが、同じものである。むろんヤマウドの方が香りが高い。

山・高原

集散花序につく花は秋の野山でよく目立つ。それを目印に場所を覚えるとよい。

チーズ焼は意外なほどおいしい。　　天ぷら。味も香りも絶品だ。

採りたては生で味噌をつけて食べる

採り方　葉が開く前の若芽でも、青く立った茎や細い茎は避ける。20cmほどの若芽に、ナイフを茎に対し垂直に地面に差し込み、傷をつけぬように抜く。採取後、必ず土をかけておくこと。

下ごしらえと料理方法　早いうちに処理をする。葉をつけ根から落とし、皮をむいて酢水につける。葉は天ぷら、皮はきんぴらに利用する。茎は短冊切りにして酢味噌や他のあえもの、半割りで煮ものがよい。若い人向きにはバターで炒めてチーズをのせるチーズ焼がいける。保存用に塩漬けや味噌漬けがおいしい。

山・高原

ハリギリ
せんの木、ぼうだら

分　　類：ウコギ科
分　　布：北海道〜九州
生育場所：林
採取時期：春

🔍 見分け方のポイント　山に多く見られ、高さ20mにもなる大木だ。枝には太く鋭い棘を持ち、カエデに似た葉を枝の先にかたまってつける。芽出しの頃は赤っぽい苞に包まれ、タラノキと形が同じようだ。若芽の葉は光沢があり、頼りないほどやわらかいのに、成葉はつやがなくざらっぽくなる。夏の盛りにこの木に出会っても、山菜として利用できるとは疑わしく思う。山の森林内で見つけても高木すぎて採りにくいから、雑木林で丈の低い木を探すとよい。

山・高原

カエデのような形の大きな葉は特徴的で、遠くからでも見分けやすい。

木の幹の鋭い棘。採取時には要注意。

新芽の形をくずさずに揚げよう。

> ぽってりとした味
> は味噌が一番合う

採り方 手が届くほどの木なら、芽のつけ根から折り採る。高い枝先のものは、カギ枝かロープでたぐり寄せて摘む。若芽は大きくボリュームがあるから、少量の収穫でも満足度は高い。

下ごしらえと料理方法 天ぷらにするのが最も合う。はかまを除き、葉をばらさないよう、根元に多く衣をつけて揚げる。ウコギ科の山菜の中でいちばんアクが強い。ゆでた後に流水でさらし、そのまま少し置くとよい。ただ、このアクがこの山菜の独特の味だから、抜き過ぎぬよう加減する。ゴマあえが最適。

山・高原

コシアブラ
あぶらっこ、芋の木

分　類：ウコギ科
分　布：北海道〜九州
生育場所：林
採取時期：春

🔍 **見分け方のポイント**　山地の天然林などに見られ、20ｍ近い大木となる。ハリギリに似ているが木には棘がなく、若木の肌は灰白色で葉は5枚の小葉からなるなどの特徴があり、違いがはっきり分かる。新芽の苞も若緑色である。「アブラッコ」と呼ばれているように脂肪分に富み、コクのある味で人気の高い山菜である。高木での採取はかなわないが、雑木林で伐採した後の株から芽吹いた若木がある。粘りのある木でよくたわみ、簡単に引き寄せて採れる。

山・高原

5枚の小葉が扇のように広がってつく様子が特徴的。

天ぷらは味にコクがあっておいしい。 　　現代風にバターライスもよい。

なぜかビールのつまみによく合う

🌿 **採り方**　若芽を枝のつけ根からもぎ採る。タラノキやハリギリのような棘がないので、ずいぶんと採りやすい。だが、アクで手が黒くなるから軍手は必要である。

🌱 **下ごしらえと料理方法**　若芽を包む苞を除く。やはり、まずは天ぷらだろう。たまにはフライにするのもよい。ゆでてしばらく水にさらし、水気を切ってゴマやゴマ味噌などのあえもの、他に汁の実、玉子とじ、野菜炒めに。ハムやタマネギを加えてバターで味つけするバターライスも、風味があっておいしい。

山・高原

マタタビ

ねこずら、かたじろ

分　類：マタタビ科
分　布：北海道〜九州
生育場所：渓流沿いなど
採取時期：秋

🔍 **見分け方のポイント**　初夏、峠道などに葉の一部が白いつる性の植物が目につくが、これがマタタビである。白梅のような5弁の花が咲くこの時期には葉を白く変色させているが、実のつく頃にはこの白色は消えてしまう。だ円形の実は黄色に熟す。強い芳香を放つ花が虫を呼ぶのか、花の子房に虫が卵を生み、正常な実になれずコブのようになるもの（虫えい）もある。実はひどく辛く生食はとてもできない。ある種の成分が"猫にマタタビ"効果を生むようだ。

山・高原

白く変色した葉は遠くからでもよく目立つ。この時期に場所を覚えるとよい。

虫えい果は薬用酒に。

マタタビ酒も健康増進に効果的だ。

マタタビ酒は健康のための妙薬

採り方 つるが他の木に登っているため収穫が苦労だが、つるを引き下ろさないよう高枝バサミなどを使う。若い実も熟した実も利用でき、虫えいも漢方薬として珍重されるから忘れずに摘む。

下ごしらえと料理方法 ふつうの実と虫えいとを分け、汚れを落とし水洗いする。虫えいは熱湯を注いで中の虫の幼虫を殺し、天日干しにしてから焼酎に漬ける。これは薬用酒で冷え性などによい。若い実は塩漬けにするが、あまりおいしいものではない。むしろ砂糖を控えめにして焼酎に漬けたマタタビ酒が楽しめる。

山・高原

サルナシ
こくわ、しらくちづる

分　類：マタタビ科
分　布：北海道〜九州
生育場所：渓流沿いなど
採取時期：秋

見分け方のポイント　マタタビと同じ仲間のつる性植物だ。幹はかなり太くなり、30m近くつるを伸ばすものもある。マタタビより厚く光沢のある葉は、花の頃でも白色に変色しない。葉柄が赤味を帯びている。新しい枝の葉の脇に白い5弁花を咲かせる。雄しべの先が黒いかわいい花だ。濃い緑色の実の形は球形をやや長くした形で、熟すと甘い香りを放ち、いかにもおいしそうだ。実を輪切りにすると黒い種が並んでキウイフルーツのミニチュア版である。

山・高原

赤い葉柄がサルナシの目印。しかし、手の届かないところに生えていることが多い。

実を切るとまさにキウイフルーツだ。

ジャムとジュース。色は悪いが味はよい。

キウイの仲間のサルナシは山の贈りもの

採り方 熟した実は指でつまむとやわらかく、すっかり甘くなっているから、すぐに口に入れるのに適している。かたいものは持ち帰る、紙袋などに入れて熟すのを待つことができる。つるを引き下ろすことがないように採取しよう。

下ごしらえと料理方法 生食がおいしい。食後のデザートなど洒落ている。輪切りにしてケーキにのせたり、ジューサーにかけて生ジュース、ジャムにするのもよいだろう。サルナシ酒➡水分をよくふき取り、皮をむいたレモンと一緒に焼酎に3か月間漬け込む。

山・高原

ヤマブドウ

分　類：ブドウ科
分　布：北海道～四国
生育場所：林や林縁（木にからむ）
採取時期：秋

見分け方のポイント　秋は山の果実の季節である。ヤマブドウの団扇のような大きな葉が真っ赤に色づき、杉などにからまり見事なコントラストを見せる。その葉の間に黒紫色の実がぶら下がっているが、手が届かずくやしい思いをすることが多い。栽培種のように房に実はびっしりとつかない。同じ仲間に薮に生えるサンカクヅルがある。葉が三角にとがり、ヤマブドウより小形であるが、手の届く範囲に実をつけ採取しやすい。利用法は同じである。

山・高原

ヤマブドウというと実のイメージが強いが、新芽も立派な山菜になる。

サンカクヅルの実も食べられる。 　　　新芽の天ぷらもかなりおいしい。

手間をかけたジャムはおいしさ格別

採り方　黒く熟した実を房ごと摘む。高枝バサミを使うと便利だ。

下ごしらえと料理方法　サンカクヅルの実と混ぜてかまわない。充分に汚れを落とし水洗いをしてから、房から実をはずす。まずは生食で楽しもう。果実酒は酒税法で禁止されているので、ジューサーで生ジュースにする。ジャムは実をつぶし加熱すると水分が出るから、布で皮と種を絞るように濾し、砂糖を入れて煮つめる。春につるの伸びる前の新芽を摘み採り、天ぷらにする。味はコクがあり、タラノキの新芽のようなおいしさだ。

山・高原

ケンポナシ

分　類：クロウメモドキ科
分　布：北海道〜九州
生育場所：林
採取時期：秋

🔍 **見分け方のポイント**　大木である。葉の縁は葉脈通りにでこぼこして、大きく波打っているのが目立つ。夏に咲く花は淡緑色の5弁花で、集散状につく。この木の最大の特徴は、秋に花柄が肥大し灰色の実とつながり、何ともでたらめな形の実ができること。この肥えた柄が甘く、ナシの味に似ていることから名がつけられた。

🌱 **採り方**　高木過ぎて手が届かない。実が熟して肥えた柄ごと落ちるのを待ってから拾い集める方がよい。

🥬 **下ごしらえと料理方法**　丸い実を取り除き、柄だけにしたものを生食するか果実酒にする。酸味をレモンで補い、実は早めに取り出して熟成させるとよい。

山・高原

トチノキ	分　　類：ムクロジ科 分　　布：北海道〜九州 生育場所：谷筋の林 採取時期：秋

🔍 **見分け方のポイント**　トチノキの老木の肌は厚く、皮のはげたところにおもしろい紋様ができている。輪になってついた葉の葉脈は、律儀に斜めの線をつける。筒状に咲く花も立派で目立つ。秋にできる実はざらついた茶色の皮が3つに割れ、中にクリに似たつやのある濃い褐色の種子が1つ入っている。

✂️ **採り方**　皮の割れた実が地面に落ちて転がっているのを、拾い集めればよい。

🍲 **下ごしらえと料理方法**　大変アクが強く、食べるまでに非常に手間がかかる。種子をすり潰して水の中に数日間放置し、沈殿させたでんぷんを餅米と混ぜてひいて粉にし、トチ餅やせんべいにする。

山・高原

ミツバウツギ

はしのき、はしぎ

分　類：ミツバウツギ科
分　布：日本全国
生育場所：低山の湿った場所
採取時期：春〜初夏

🔍 **見分け方のポイント**　野山の流れの縁などに生育する、比較的背の低い木である。葉は3つの小さな葉の複葉で茎に対生し、横に広がった枝がうっそうと葉を茂らせている。5〜6月頃、枝先に白い5弁の花がうつむき加減に集まって咲く。春の青空の下で白い花を枝先いっぱいにつけて咲く姿は、さわやかな風景である。同じ環境では群生しているから採取しやすいし、新芽を夏頃まで出しているから、利用期間もずいぶんと長い。

山・高原

清楚な白い花。完全には開かないが、満開になるとたとえようもない美しさだ。

実の形も特徴的。

おひたし。くせがなく料理の幅も広い。

> ワカメとかまぼこ
> 入りのサラダでも

採り方 若芽をつぼみごと採る。つぼみがあまり長く伸びてしまうとかたくなり、食用にならない。爪先を立て軽く入れれば大丈夫。芽先にはアブラムシがつきやすいので、きれいな芽を選ぼう。

下ごしらえと料理方法 味にはくせがないから料理の幅も広い。ゆでて、おひたしやあえもの(ゴマ、マヨネーズ、クルミなど)が無難だ。野菜炒めの要領でハムや肉を入れた炒めものもよい。菜飯➡塩味をきかせたご飯が炊き上がったら、すぐ、ゆでてきざんだミツバウツギを入れて一緒に蒸らし、よく混ぜてゴマをふる。

山・高原

サンショウ

木の芽、はじかみ、さんしょ

分　類：ミカン科
分　布：北海道〜九州
生育場所：林縁・薮
採取時期：春〜秋

🔍 **見分け方のポイント**　野山の雑木林に生えているが、庭木にもよく植えられている馴染みのある木だ。大きくなると高さ5m近くになる。多くの枝を出し、葉の基部に棘が2本ずつ出る。特有の香りが日本人の食生活に深くとけ込んでいる。またいろいろな姿を持つ木で、若芽と黄緑色の小花、夏の緑色の若い実、秋には真っ赤な実、はぜて黒い種子が顔を出した実、それぞれ時期にあった利用法がある。生育場所を覚えておけば、毎年、各季節に採取できる。

山・高原

新芽と花のつぼみ。若芽は木の芽といい、古くから利用されている山菜である。

佃煮。独特の香味が食欲をそそる。

木の芽田楽は風味を活かした料理だ。

> **オールマイティの山椒は日本の香り**

採り方　若芽➡出始めを茎ごと採る。かなり多量でも煮ると目減りする。青い実➡中の種子がまだ白くやわらかいもの。少しでも黒ければ秋まで待つ。熟果➡皮を採る。

下ごしらえと料理方法　若芽（木の芽）はゆでてアク抜きしてから、醤油と酒、みりんで佃煮にする。すり鉢ですって味噌を入れた山椒味噌もおつな味。青い実は半日ほど水につけた後、醤油1、みりん1/3、酒1/4で漬け込む。この醤油は実とともに煮ものなどに利用する。熟果は皮だけを天日干し後、保存し、すり鉢でする。

山・高原

ウワミズザクラ

分　類：バラ科
分　布：北海道〜九州
生育場所：雑木林・湿原
採取時期：夏〜秋

🔍 **見分け方のポイント**　新緑の林の中でよい香りを漂わせ、白い穂状の花を枝にたくさんつけて咲く。サクラの仲間なのに開花時期は遅く、花の形も違うからこれもサクラなのかと思う。高さ15m、太さ径50cmというから、かなり大きくなる木だ。花が散った後、赤味を帯びた柄に、先のとがった卵形の青い実を房につける。これをアンニンゴと呼ぶ地方もある。実は秋に青から赤色、熟すと黒色になる。鳥たちにはご馳走だが、かなり苦味があり生食はできない。

山・高原

サクラ属の植物だが、穂状に咲く花は印象がまるで違う。

実はアンニンゴ（杏仁子）とも呼ばれる。

実の塩漬けは酒の肴に喜ばれる一品。

青い実、赤い実どちらもおいしい

採り方 ごく若い青い実を穂ごと採る。青くとも爪を立ててかたく感じたら、秋まで熟れるのを待つ。秋に実が赤くなり始めたら収穫する。黒くなって熟れすぎると苦味がきつくなる。

下ごしらえと料理方法 青い実は濃いめの塩湯で軽くゆでてから穂ごと塩漬けにする。漬け上がりは褐色となり酒の肴にもよい。かたい実は皮が口にあたる。赤い実は水洗いし水分をよく切り、穂のまま輪切りのレモンと一緒に焼酎に漬け込む。2か月経てば飲めるが、それ以上熟成させれば杏仁の香りと味はさらにおいしくなる。

山・高原

ズミ
子梨

分　類：バラ科
分　布：北海道〜九州
生育場所：林、湿原の縁、草原
採取時期：秋

🔍 見分け方のポイント　山裾の草原に咲くズミの花は美しい。3〜4mの木は小枝をたくさん出して、こんもりと花を咲かせる。つぼみは紅色なのに開けば白い花だ。小枝は棘状になっていて、うっかり手を出すと痛い思いをする。秋に枝先に小さな実をつけ、5〜7個、花の分だけ房になっている。実には赤と黄色の2種類がある。

🍴 採り方　小枝で手を痛めないよう1粒ずつ採る。実の色はどちらでも利用できる。

🥘 下ごしらえと料理方法　酸味が強く生食には向かない。果実酒がよい。柄をはずし水洗いし、水気をよく切る。砂糖を加えて焼酎に漬け込むが、熟成には半年くらいかかる。

山・高原

ナナカマド

分　類：バラ科
分　布：北海道〜九州
生育場所：山地や亜高山の林縁、低木林
採取時期：秋

見分け方のポイント　夏の白い花の頃には気にもとめないのに、山国の秋は、いたる所でナナカマドの紅葉と、赤くつややかな実が目につく。若木の樹皮は黒っぽいが、5mほどに生長した古い木は灰色をしている。葉が枝先に集まってつき、花も枝先につく。5mmくらいの実が平たい穂状につき、葉が落ちた頃に一段と赤味を増してくる。

採り方　実を穂ごと採取する。高枝バサミを使うとよい。

下ごしらえと料理方法　房から実をしごくようにはずし、水洗いしてから果実酒に漬ける。3か月後くらいに実を取り出し、その実は砂糖を加えてジャムにする。苦味があり生食には向かない。

山・高原

ヤマナシ

分　類：バラ科
分　布：北海道〜九州
生育場所：林（ブナ林など）
採取時期：秋

🔍 **見分け方のポイント**　山の雑木林や高原などに生育し、見上げるような大木が多い。実の季節より花の頃に目立つ木である。白い花が枝を覆いつくすほど咲き、それは見事なものだ。秋に、ピンポン玉くらいの実を鈴なりにつける。表面がざらざらして、ちょうどナシの長十郎を小形にした感じである。味の方も甘くておいしい。完熟すると実が落下して、木のまわりは甘い香りが漂う。ヤマナシは栽培されているナシの原種である。

山・高原

高原で花を咲かせるヤマナシの大木。花の時期にはよく目立つ。

花は白い5弁花。

とてもよい香りのヤマナシ酒。

冷やして飲もう。飲み口、香りよし

採り方 木が高いから、棒などで枝をゆすって落として収穫するか、落下している傷のないものを選んで拾う。傷がつくと腐りやすいから角張ったものなどに触れないように持ち帰ろう。

下ごしらえと料理方法 小さくて手間はかかるが、皮をむいてふつうのナシのように食べてみよう。完熟しているものは甘くて、店で買ったものと大差ない。ヤマナシ酒➡洗ってよく水気をふき取り、まわりに楊枝で穴を開けて、丸ごと砂糖を加えて漬け込む。濁りを防ぐため、3か月くらいで実を取り出して熟成させる。

山・高原

トリアシショウマ
とりのあし、さんぼんあし、やまな

分　類：ユキノシタ科
分　布：北海道〜本州（近畿地方以北）
生育場所：林内・林縁・草地
採取時期：春

見分け方のポイント　芽出しのスタイルは千差万別だが、このショウマ類もずいぶんと変わっている。細い20cmくらいの茎をスッと立て、分岐させた先に折りたたんだ葉ができる。茎全体に赤茶色の毛が密生して葉が三つ又に分かれ、色も形も鳥の足を連想させる若芽はトリアシショウマ。全体が緑色で毛がなく、茎の分岐が互生しているのがヤマブキショウマだ。これはバラ科の別の植物だが、よく似た姿で混生している場合が多い。利用の仕方も同じである。

山・高原

林縁に咲くトリアシショウマ。わずかな風にも揺れる、涼しげな花だ。

ヤマブキショウマの新芽。印象は異なる。

おろし醤油あえでさっぱりと食べよう。

バター炒めの仕上げにワインを入れて

採り方 どちらも群生しているので採取は楽である。葉が開き始めると茎はかたくなり食べられない。まだ葉が縮んでいる若芽をポキッと折れるところから採る。茎はすぐにかたくなりやすいから、摘んですぐかごなどに入れる。

下ごしらえと料理方法 どちらも一緒に料理してよいが、分けてそれぞれの味を楽しんでもよい。下の方はかたくなっているから、切り落としてからゆでる。トリアシショウマの毛はゆでると気にならない。ピーナツやゴマ、大根おろしとあえたり、バター炒めに。

山・高原

イワガラミ

分　類：アジサイ科
分　布：日本全国
生育場所：林
採取時期：春〜初夏

🔍 **見分け方のポイント**　高山の原生林から低山の雑木林に生えるつる性の植物で、木の幹や岩などに這い登る。春に出す新芽は白い粉をまぶしたような明るい緑色で、摘むとキュウリの香りがする。葉は卵形で茎に対生する。新しい枝先に集散花序をつくり、花は1枚の白い大きな萼片をひらひらと舞うようにさせる。ツルアジサイはよく似ているが、3〜4枚の花弁の小花を咲かせるので見分けがつく。どちらも味も香りも利用法にも変化はない。

山・高原

険しい岩の崖に咲き乱れるイワガラミ。白く大きな萼片がよく目立つ。

ツルアジサイの花。

酢味噌あえ。この山菜は香りが身上。

> 花はアジサイに似て、
> 味はウリに似て

採り方 茎から出始めの若芽を苞ごとつまみ採る。木に登りきれない根が手の届く範囲に這いまわっているし、芽の数も多いから採取は容易である。葉はやわらかく痛みやすいから、袋などに入れて持ち帰ろう。

下ごしらえと料理方法 キュウリに似たさわやかな香りが命の山菜だから、サッと熱湯にくぐらせる程度でよい。ゆでると香りが消えてしまう。料理も香りを活かせるものがよく、マヨネーズや辛子あえなどがおいしい。魚介類と合わせて酢味噌で食べるのもよい。

山・高原

アケビ類

木の芽

分　類：アケビ科
分　布：北海道〜九州
生育場所：林内
採取時期：春、秋

🔍 **見分け方のポイント**　アケビ類は春の陽射しに誘われて、たくさんの若芽を一斉に伸ばし始める。この若芽（つる）を木の芽と呼んで山菜にし、実も料理に使う。新葉と一緒に花柄を伸ばし、暗紫色の穂状の雄花と3片の萼の雌花を咲かせる。アケビは5枚、ミツバアケビは3枚の小葉からなる複葉。山に多いミツバアケビの方が山菜として多く利用され、アケビ細工のつるも本種のものを使う。暖地に生えるムベは常緑で、実は熟しても割れない。

山・高原

アケビの花と芽。春は新芽、秋には実と、季節を変えて楽しめる。

ミツバアケビの花。

若芽の酢醤油がけ。

> アケビは果肉より果皮が山菜だ

✂ 採り方　新芽はカギ棒を使い手の届く根元近くを、実は高枝バサミなどを使って、つるを引き下ろさないようにして採ろう。

🍲 下ごしらえと料理方法　若芽を採る際は束にしながら摘み、そのまま糸でくくってゆでると始末もよいし、盛りつけもきれいだ。ゆでて苦味が強い場合は水にさらし、おひたしやあえものに。実は半透明の果肉が甘く、そのまま口に入れて種子を出す。実は皮の利用が本命だ。ほろ苦さが味噌と合い、挽き肉やキノコなどを甘い味噌味に油で炒め、皮につめて蒸す。アクを抜けば油炒めなどもよい。

山・高原

ニリンソウ
こもちばな、そばな、ふくべら

分　類：キンポウゲ科
分　布：北海道〜九州
生育場所：林床
採取時期：春

見分け方のポイント　キンポウゲ科の植物は有毒なものが多いが、数少ない食用になる草のひとつである。雑木林の中などに雪が解けだしたところから芽を出し始める。切れ込みの深い3枚の小葉が丸い1枚の葉のように見え、その中心に丸いつぼみがころんとのっているかに思えるが、やがて花茎を1〜3本ずつ伸ばして花を咲かせる。花色は白く、5弁の梅の花の形だ。花の後、種子をつくる間もなく枯れ、夏には姿を見ることはない。

山・高原

林床などに大きな群落をつくって咲く。トリカブトとの見分けに注意しよう。

おひたしが最も合う。

ドレッシングを工夫してサラダに。

> やさしい花は春を呼ぶ雪国の味

採り方 若い葉や花茎全体が食用部位だが、葉の似た有毒なトリカブトが混生していることがあるので注意が必要だ。葉に光沢がないことを確認し、白い花やつぼみを持っているものを採ればよい。トリカブトの開花時期は秋だ。1本ずつやさしく摘もう。

下ごしらえと料理方法 軽くゆでてから、かつお節やシラス干しなどと合わせておひたしにすると素朴な味で、口中いっぱいにさわやかさが広がる。サラダにしてもよい。生を塩でもんで水気を絞り浅漬けのようにして食べるのは、東北地方の習慣である。

山・高原

エゾエンゴサク

分　類：ケシ科
分　布：北海道〜本州（中部地方以北）
生育場所：林床
採取時期：春

🔍 **見分け方のポイント**　北海道や中部地方以北の、冬の厳しい雪国に生育している。春を待ちかねたように一面に咲き、まさに北国の迎春花のひとつである。草丈10〜30cmほどで、ブルーの美しい花をつける。全体はとてもやわらかい。また寿命も短く、花が咲くはじから種をつくっては枯れてしまう。エンゴサクは一時の山菜で、ケシ科唯一の食用になる植物だ。花のよく似たムラサキケマンを始め、ケシ科は全て食用にならないことを、記憶にとどめておくとよい。

山・高原

カタクリとともに咲き乱れるエゾエンゴサク。まとまって生えるので見栄えもよい。

形がおもしろい唇形花だ。

三杯酢は花色を活かすと美しく仕上がる。

> 青色のさわやかな
> サラダは迎春花

採り方 花も含め若芽全体が食用となる。乱暴に扱うと、すぐに球状の根ごと抜けてしまう。1本ずつ力を入れず採るとよい。群生しているから収穫量は多いが、ゆでるとほんのわずかになってしまう。本州から九州に分布するヤマエンゴサクも食用となる。

下ごしらえと料理方法 熱湯にサッとくぐらせる程度にする。くせがなく軽い味だから、おひたしや酢のもの、サラダなどに向いている。あえものは重い感じのない辛子やわさび、醤油などがよい。汁の実や玉子とじにも向く。

山・高原

ホオノキ

分　類：モクレン科
分　布：日本全国
生育場所：林
採取時期：春

🔍 **見分け方のポイント**　山の雑木林に見られる高さ25mにも達する高木。枝先に車輪状に集まるだ円形の葉は大きさ30〜40cmほど。その中心に咲く芳香を放つ白い花は直径15cmと、全てが飛び抜けて大きい。朴葉味噌が有名だが、その葉は古くからさまざまに利用されてきた。五穀を包み神に捧げ、餅やご飯を包んで弁当箱や皿代わりにした。移り香を楽しむのはむろん、防腐の役目もする。香りが味わいのひとつであれば、このホオノキも立派な山菜である。

山・高原

大きくて立派なホオノキの花。花の時期には周囲に甘い芳香が漂う。

秋に目立つ不思議な形の実。

朴葉寿司はぜひ野外で楽しみたい。

弁当のご飯を包んでピクニック気分

採り方 親木の近くに育つ若木の若葉を利用する。背丈ほどの木でも葉の大きさは一人前だ。寿司などには香りが高い若葉がよい。秋、風で落ちたばかりの葉を集めて焼き味噌用にする。

下ごしらえと料理方法 朴葉寿司➡洗って水気を切った葉に酢飯をのせ、上にサンショウの佃煮、キャラブキ、錦糸卵、しめた魚などを飾り、縦に両側から合わせて上下の端を折り返して包み、竹の皮などでしばる。朴葉味噌➡水にくぐらせやわらかくした葉に調味味噌をのせ、アルミ箔を敷いた上で焼く。酒の肴に最高である。

山・高原

チョウセンゴミシ
ごみし

分　類：マツブサ科
分　布：北海道～本州（中部地方以北）
生育場所：林縁
採取時期：秋

見分け方のポイント　花より実の季節に目立つ、つる性の植物である。林の縁などで見られ、厚味のあるだ円形の葉は、先がとがり鋸歯がある。淡い黄色味のある5弁の小さな花を咲かせ、10月頃に赤いブドウを小さくしたような実をつける。薬用植物として広く知られている。

採り方　よく熟した実を房ごともぎ採る。

下ごしらえと料理方法　房ごと水洗いしてから天日に干し、ある程度乾燥したら手で房をもみ、実をばらばらにして果実酒に漬ける。砂糖は実よりも少し控えめな量がよく、2か月後に実を取り出して濾す。疲労回復に効きめがあるといわれる薬用酒ができ上がる。

山・高原

マツブサ

分　類：マツブサ科
分　布：北海道〜九州
生育場所：林、林縁
採取時期：秋

🔍 見分け方のポイント　山地に生えるつる性の木。茎に厚くひび割れたコルク状の皮ができ、節から短い枝をたくさん出す。この枝先に数枚の卵形の葉がまとまってついている。6月頃、小さなまん丸い形の淡緑白色の花が咲く。実はチョウセンゴミシに似ているが色は紫黒色で、マツに似た芳香がある。

✂ 採り方　カラマツなどの高木にからみついていて、手では届かない。高枝バサミなどで房ごと摘む。

🌱 下ごしらえと料理方法　実を房からはずし、果実酒にする。実は甘味があるから砂糖は控えめで、輪切りのレモンを加えて仕込み、3か月ほどで実を取り出して熟成させる。

山・高原

ミヤマイラクサ

あいこ、あいたけ、えら

分　類：イラクサ科
分　布：北海道〜九州
生育場所：腐植土の厚い林床・河岸の岩礫地
採取時期：春

🔍 **見分け方のポイント**　山の湿気のある林の中などに群生している。丸いギザギザのついた葉の先端に短い尾が出ている。緑色の茎に黒っぽい点線のような柄、そしていちばんの見分けは葉や茎全体を覆っている細かい棘である。この棘は蟻酸を含み、素手で触るとチカチカした痛みが走り、ひどくかゆくなる。これはじきにおさまるが、採取には手強い相手だ。しかし一度食べたら忘れられない味である。アイコの名で親しまれ、山菜の王とも称せられるほどだ。

山・高原

渓流脇の岩にへばりつくように生えるミヤマイラクサ。

天ぷらにすれば棘も気にならない。 　　白あえは甘味をおさえるのがコツ。

> 煮もの、汁の実など何でもおいしい

採り方　棘を防御するためには、まず長袖、軍手を着用して出かけよう。かごか袋も忘れてはいけない。若葉の先端の葉が開き始めている頃に、下の方から折り採る。茎の途中の開いた葉は採ったはじから捨てて、素早く袋などに入れて持ち帰る。

下ごしらえと料理方法　炊事用手袋をした方がよいが、ゆでてしまえば手強い棘もなんの支障もなくなる。ゆでるときは茎の下のかたい部分は切り取る。あっさりと塩をまぶすだけの塩あえがおいしい。甘味をおさえた白あえもいける。

177

山・高原

ウワバミソウ
みず、みず菜、あかみず、よしな

分　類：イラクサ科
分　布：北海道〜九州
生育場所：湿った斜面や崖地
採取時期：春〜秋

🔍 **見分け方のポイント**　渓流沿いや湿った崖下などに群生していて、高さ30〜50cmくらい、茎を斜めにして立っている。ミズという別名があるくらい水分が多くて折れやすい茎を持った山菜である。茎は赤味を帯びる。つやのある葉の形は変わっていて、鋸歯のあるいびつな円形の先に、細く伸びた尾がついている。葉のつけ根には丸く小さなかたまりの白い花をつける。春の茎から秋の根までと採取期間も長く、楽しみな、おいしい山菜である。

山・高原

ウワバミソウは渓流岸の崖などに多い。葉の形とつき方で見分けやすい。

山椒味噌と合わせ、とろろ風にする。

きんぴら風に炒め煮してもよい。

> いつでも、たやすく採れるのが魅力

採り方 茎の太いものを選び、1本ずつ根際からナイフなどで切り採る。茎を食べる山菜だから葉は取り除いて持ち帰ろう。また秋に茎が倒れた頃、根元の太い部分をひげ根を除いて採る。

下ごしらえと料理方法 茎をやわらかくなるまでよくゆでる。おひたし、マヨネーズや酢味噌などのあえものに。3cmくらいの長さに切りそろえ、油で炒め醤油、砂糖、酒などで味つけしたきんぴら風味は、ご飯のおかずにピッタリ。根を包丁でたたいたとろろはこれまた格別の味だ。

山・高原

ヤマグワ
どどめ、どどの実、くわで

分　類：クワ科
分　布：北海道〜九州
生育場所：林
採取時期：初夏

🔍 **見分け方のポイント**　蚕の飼料として有名である。栽培していたのが逃げ出したものや、自生している本来のヤマグワがある。ヤマグワは10mくらいまで生長する大きな木だ。大きく切れ込みの入った卵形の葉が特徴である。新しい枝の葉の脇に花をつけ実を結ぶ。赤い実からやがて真っ黒に熟れて、甘いなつかしい味となる。実を食べるのは誰もが知っていても、若芽を利用するのはあまり知られていない。蚕でもあるまいしと敬遠せず、料理してみよう。

山・高原

ヤマグワの雄花。雌雄異株の木で、雌花は同じ木には咲かない。

若芽を卵の黄身であえる。

実はジャムや果実酒に。

桑の実の味は郷愁にも似て

🌿 **採り方**　若芽を摘む。幼虫などがついている場合が多いから気をつけて採る。山菜利用の他に漢方薬としても有効だから、多めに摘んだら日干しにしてお茶で飲む。高血圧の予防になる。実は黒く熟したものは生食やジャム用、熟す少し前は果実酒用に分けて採る。柄のついたままでよい。実はつぶれやすいからビンなどに入れると便利。

🍲 **下ごしらえと料理方法**　若芽は天ぷらや、ゆでてあえものに。実は生食の他、ジャムや果実酒。酒の実は1か月で抜いて熟成させる。

山・高原

オニグルミ

分　類：クルミ科
分　布：北海道〜九州
生育場所：川沿いの早い
採取時期：秋

🔍 **見分け方のポイント**　川沿いに生育するオニグルミは見上げるような高木である。春、雌花は小さくて目立たないが、30cmくらいの長さのしっぽのような雄花がたくさんぶら下がる。秋に先のとがったような丸い緑色の実が、数個かたまって房のようにつく。熟すと落果するが割れることはない。実の中身はカシグルミよりも小さいが、味は濃くておいしい。

🌱 **採り方**　落ちた実を集めて土中に埋め、果肉を腐らせる。水洗いして乾燥させる。かたい殻は先端を火であぶれば割れ目ができる。

🍲 **下ごしらえと料理方法**　軽く煎ったり、そのまま生でも食べられるが、あえものなどの料理や菓子などの具に利用しよう。

山・高原

ブナ
山そば

分　類：ブナ科
分　布：北海道～九州
生育場所：山地の林
採取時期：秋

見分け方のポイント　動植物の生態にも関わり、豊かな森林自然のバロメーターにもなっている木が、このブナである。まっすぐに伸びた灰色のなめらかな木肌に、何百年の時とともにいろいろな苔がついて紋様をつくり出す。秋、やわらかい棘状の毛に覆われた実を葉の脇につけ、熟すと総苞が割れて中からソバの実に似た三稜形の種子が2個出てくる。

採り方　まいたように落ちている種子を拾い集める。

下ごしらえと料理方法　1.5cmほどの実は生のままでも食べられるが、陰干しして乾燥させてから煎る方がよい。殻を軽くたたいて割り、実を取り出してナッツと同様に利用する。

山・高原

ヤマグリ

柴栗

分　類：ブナ科
分　布：北海道〜九州
生育場所：雑木林
採取時期：秋

🔍 **見分け方のポイント**　梅雨時の雑木林に白く煙るようにヤマグリの花が咲く。ネコのしっぽのような雄花の下に、雌花がいがの形の苞に包まれている。朝鮮と日本に自生していて、この木を改良して栽培種がつくり出された。中国の野生種のシナグリは別種で、甘栗として知られている。山野に生える小さな木という意味からシバグリとも呼ぶ。ヤマグリの実は小さくていがの中の実の数も少ないが、甘味と旨味は栽培種よりずっと優れている。

山・高原

初夏に咲き煙るヤマグリの花。穂のように見えるのは雄花だ。

甘くておいしい渋皮煮。

栗おこわは秋の定番料理だ。

> **クリの本当の旨さを味わおう**

🪓 採り方 長い棒で枝を揺するか、秋によく吹く大風の翌日に出向いて拾うのがいちばんよい。虫は青いいがのやわらかいうちに卵を生みつけ、実の中で成長する。実に針の先ほどの小さな穴でも開いていたらあきらめ、捨てた方がよい。苦労して皮をむいた後に虫がいれば、悔しい思いをするからだ。

🍲 下ごしらえと料理方法 鬼皮と渋皮をむき水にさらす。栗ご飯 ➡ 酒と塩、クリを入れてご飯を炊く。甘煮 ➡ まずクチナシの実を入れた水で煮る。新しい水と砂糖、塩で静かに煮て、火を止め煮含める。

山・高原

マテバシイとスダジイ（写真小）。

シイ類
しいのみ

分　類：ブナ科
分　布：主に西〜南日本
生育場所：暖地の林
採取時期：秋

見分け方のポイント　暖地に多く見られる木で、見事なほど大木になるため、実は地面に落ちてくるまで存在に気がつかないことが多い。しっぽのような花はクリに形も特有の臭いも似ている。シイ類は、今年咲いた花が翌年の秋になって実をつけるという奥手の木だ。マテバシイの実は大形のドングリで、枝先にあちこちに向いてつける様子は子供のブロック細工のようだ。スダジイの実は苞に包まれ、先端が花のように割れて中から顔を出す。

採り方　落ちた実を拾い集める。

下ごしらえと料理方法　生食より煎って香ばしさを出して食べる。脂肪分が多く、旨味もある実である。

山・高原

ツノハシバミ

分　　類：カバノキ科
分　　布：北海道・本州・九州
生育場所：林
採取時期：秋

🔍 見分け方のポイント　毛だらけの丸い実にくちばしをつけたようなツノハシバミの実は、一度覚えたら決して忘れないほどユニークな形である。日当たりのよい林縁などに生える。卵形の葉は芽の中では扇のようにたたまれていて、開くと葉脈に沿って波ができている。また若葉の中央に紫色の斑がある。同じ仲間のハシバミは、フリル飾りの総苞の中に収まった丸い実で、同じように食用になる。

🌿 採り方　実をつけ根からはずすように採る。

🥣 下ごしらえと料理方法　外皮を取れば、中の種子はそのままでも煎ってもおいしく食べられる。お菓子の材料や酒のつまみとして有名なヘーゼルナッツは、ハシバミ類と同じ仲間である。

山・高原

イタドリ
さしがら、すいかんぼ、すかんぽ

分　類：タデ科
分　布：北海道〜九州
生育場所：土手・河原・空き地・道端
採取時期：春

🔍 **見分け方のポイント**　野山のいたる所に群れをなして生えている。茎が竹のように中空で50〜150cmにもなる。若芽の頃の姿はタケノコそっくりだ。また茎に紅っぽい斑点があるのも特徴のひとつ。夏にだ円形の大きな葉のつけ根にゴマ粒みたいな白い小花をつける。北国や雪国の山中に生えているのはオオイタドリで、茎は太く高さも3mにもなる。雪解けと同時に萌える若芽は紅色で美しい。蓚酸を含むからよく熱を通し、食べ過ぎぬよう注意が必要である。

山・高原

オオイタドリの花。タデ科の花はどれもよく似ている。（P188はオオイタドリ）

イタドリの新芽。身近な野草だ。

イタドリは煮ものがよく合う。

> カレー風味で煮るのが新しい味

採り方 できるだけ太い若い茎を選び、葉が開き始めていたら、茎が自然に折れるところから折る。タケノコのような若芽は、ナイフで根元から切り採る。

下ごしらえと料理方法 オオイタドリの5cmほどに芽生えたばかりの若芽は天ぷらにする。ぬめりがあるが、類のないおいしさだ。茎はよくゆで水にさらし、皮をむいて調理する。酸味を活かしマヨネーズや味噌などであえる。酢のものや、肉などを加えた煮ものもよい。たくさん採れるから塩漬け保存し、塩抜きして煮ものに使う。

山・高原

シュンラン
ほくろ

分　類：ラン科
分　布：北海道〜九州
生育場所：林床
採取時期：早春

見分け方のポイント　早春、山の麓の乾いた林内などに咲く野生のランである。細いざらざらした葉には茎がなく色も暗緑色で、木の陰に生えていると見逃してしまう。薄い透けるような膜に包まれた花茎を根元から出し、淡い黄緑色の花を開く。花の下側の花弁に赤い斑点があり、ほのかな色気が漂う。別名を「ほくろ」というが、この斑点をたとえたようだ。香りは残念なことにほとんどない。西洋のランの華やかさはないが、典雅の言葉があてはまる。

山・高原

雑木林にひっそり咲く可憐なランだ。都市近郊では減っているので保護意識を忘れずに。

春蘭ゼリーは食べるのが惜しくなる。 　　塩漬けした花はお茶で楽しもう。

**塩漬け花で高貴な
ラン茶を味わおう**

採り方　花はふつう1茎に1花。株の小さなものは避け、いくつも花を持った株のものを花茎ごと採る。株を絶やさぬために花のみの採取にとどめ、絶対に根ごと掘り上げてはならない。

下ごしらえと料理方法　柄のはかまを除き、ザッと水に通すくらいに洗い水を切る。軽くゆでて、古い花は三杯酢や汁の実に、開きたての若い花は塩漬けにする。梅酢と塩で2日ほど漬け、水を捨て梅酢を替えて漬けた後、陰干しをする。後に再び多めの塩をふり入れて保存する。お茶には塩抜きした花を桜湯と同じように使う。

山・高原

ギョウジャニンニク
あいぬねぎ、えぞねぎ

分　　類：ネギ科
分　　布：北海道〜本州（近畿地方以北）
生育場所：林床・林縁
採取時期：春

見分け方のポイント　やわらかく幅広いなだ円形の葉を、細い茎から抱き合って出している宿根草だ。球根がシュロ状の繊維に包まれているが、見分けるには掘らずとも葉をつまめば、本物をしのぐほど強いニンニク臭がするからすぐ分かる。山の日当たりのよい林などに群生しているが繁殖力が弱いので、地上部だけを食べるようにしよう。6〜7月頃、細い茎の先に丸いぼんぼん形の花が咲く。有毒植物のスズランは葉が似ているから、間違えて採取しないように。

山・高原

おいしい山菜として有名なギョウジャニンニク。その名の通りの臭いが特徴。

独特の味を活かし中華スープの具に。 　　スパゲッティとは絶妙の組み合わせだ。

香りを活かし和洋中華とお好み次第

採り方　若い芽や花の開かないうちの葉を摘む。つぼみも利用できる。質がやわらかいから、持ち帰る際は袋に入れよう。

下ごしらえと料理方法　ゆで時間は短めに。水気をギュッと絞るように切る。おひたしからあえもの、中華スープの具、玉子とじなど、料理の幅はまことに広い。肉料理の添えものにもよい。おすすめはペペロンチーノ風スパゲッティだ。➡ベーコン、唐辛子の輪切りをオリーブオイルで炒め、生で大きめに切ったギョウジャニンニクを加えてスパゲッティに混ぜ合わせればよい。

山・高原

ギボウシ類

うるい、山かんぴょう

分　　類：リュウゼツラン科
分　　布：北海道～本州（中部地方以北）
生育場所：湿った林内や草地・湿原
採取時期：春

🔍 **見分け方のポイント**　ギボウシの仲間はほとんどが食用となるが、最も利用されているのが山地に多いオオバギボウシと、湿原などに生えるコバギボウシである。葉をお互いに包むように長い葉柄から一束になって芽を出し、生長すればオオバギボウシは60cmほどになるものもある。大きな葉には葉脈が縦に十数本、涼しげな模様をつくっている。夏に薄紫色の漏斗形の花をつける。芽出しが似ているバイケイソウが湿原に生えるが、猛毒を含むから要注意だ。

山・高原

山地や湿原の脇などに咲くオオバギボウシ。大きな葉は特徴的だ。

オオバギボウシのつぼみ。

チリソース炒め。新しい味にも挑戦しよう。

> 洋風料理でおいし
> さを引き出そう

採り方 葉が開きだす前の若茎全体や、葉の開いたものは茎だけを、ナイフで根元から切る。かなりボリュームがある。

下ごしらえと料理方法 独特のぬめりと満足感の強い味がおいしい。「山かんぴょう」の名で乾燥品も売っている。まず、小ぶりの若芽はそのまま天ぷらがよい。また野菜のように油炒めして甘めの煮ものに。ゆでてマヨネーズ、辛子、クルミなどのあえもの、酢味噌、三杯酢など酢と合わせるのもよい。貝の小柱や小エビとともにチリソースで味つけすれば、パン食のおかずにもなる。

山・高原

ナルコユリ

分　類：スズラン科
分　布：北海道〜九州
生育場所：林縁・草地
採取時期：春

🔍 **見分け方のポイント**　薄赤色の苞葉にくるまれて芽を出す。少し斜めに立ち、丸い柄を持つのがナルコユリ、葉柄に6本の角張った線があるのがアマドコロ。葉の様子をチョウが両羽を上げて花に止まるようと表現した人がいたが、横から見ればまさにその通りだ。葉の脇から細い花柄を出し筒状の花を1列にぶら下げる。根は古い茎がごつごつと残り、ナルコユリは丸く輪の形、アマドコロはショウガのようだ。どちらもやさしい甘味があり調理法も同じだ。

山・高原

ナルコユリの花。地味だが清楚な印象を受ける花だ。新芽は毒草との見分けが難しい。

アマドコロの花。

サッとゆでておひたしに。

> 甘くてやわらか
> く、上品な山菜

採り方　苞葉が割れて葉が少しのぞいた時期に根元から折る。気をつけたいのは、この芽出しの状態が毒草のホウチャクソウやチゴユリと非常に似ていること。根を掘れば分かるが、保護の意味からも花の時期に確認し、翌年もう一度出向いて採取してほしい。

下ごしらえと料理方法　下側の苞をはずし、そのまま天ぷらやフライがよく合う。ゆでておひたしやあえものに。味噌ともよく合う。海苔で巻いて割り醤油で食べると、やさしい味に出会える。ただし、ゆで過ぎには注意。

山・高原

ユキザサ

分　類：スズラン科
分　布：北海道〜本州
生育場所：湿気のある林床
採取時期：春

🔍 **見分け方のポイント**　雑木林に集団で芽を出している。芽出しはアマドコロなどと同じように苞に包まれているが、若葉がのぞけばもうその中に細かなつぼみがのぞいている。葉は縦についた葉脈がはっきりとしていて、まっすぐに伸びた茎先に白い穂状の花が咲く。その姿から葉をササの葉に、花を雪が舞い積もるさまに見立てて名がつけられた。秋に赤い実をつけた草姿も愛らしい。近縁にオオバユキザサなど数種があり、みなおいしく食べられる。

山・高原

ユキザサの花。名前は花を雪にたとえたもので、小さいが可憐さを感じる花である。

オオバユキザサも同じように利用できる。 　　おひたしで甘味のある味を楽しもう。

> 繊細なユキザサに
> は薄味の調理を

採り方　葉が開く前の若芽や、花柄が伸びる前までの茎を手で折り採る。群生しているから収量は多いが、群落の全てを残らず採取するのはやめておこう。また毒草との区別は、何度も山菜採りに出かけ経験を積めば自ずから本物の姿を覚えるものだ。

下ごしらえと料理方法　甘味のある、まことにおいしい山菜である。葉が開いたものはかたくなり始めているから、天ぷらで食べよう。衣もべったりとつけないように軽く揚げる。若芽はゆでて水気をよく切り、おひたしや豆腐で白あえなどにするとよい。

山・高原

シオデ類

ひでこ、しょでこ、しょうで

分　類：サルトリイバラ科
分　布：北海道〜九州
生育場所：林床・草地
採取時期：春

見分け方のポイント　タチシオデはその名の通りまっすぐに茎を伸ばす。シオデは若芽を先端につけ直立姿勢で茎を伸ばすが、どこか頼りなげで、じきに葉柄から糸のような巻きひげを出し、茎を傾けて他のものにまといつく。タチシオデは巻きひげの代わりに丸い花のつぼみを持っているので見分けがつく。卵形の葉の脇から花柄を出して、線香花火のような黄緑色の花が咲く。シオデ類は野生のアスパラガスといわれ、山菜の中でも高級品扱いされている。

山・高原

タチシオデの花。新芽（P200）のうちからもうつぼみをつけている。

シオデの実は黒紫色に熟す。

アスパラガスのようにマヨネーズで。

シオデの相性はフライやマヨネーズ

🌿 **採り方** シオデもタチシオデもできるだけ茎の太いものを選び、ひげや花の出る前の若茎を自然に折れるところから手折る。摘んだ後に伸びる追い芽を採ると根がやせ細ってしまう。1番芽だけを採ろう。

🍲 **下ごしらえと料理方法** アスパラガスと同じ料理ができる。持ち帰った頃には茎の下側はかたくなっているので、切り捨てる。生で、2～3本ずつ長さをそろえてまとめ、フライにする。ゆでてマヨネーズで、ゴマあえやサラダの材料に、またベーコン巻きなどもよい。

山・高原

チシマザサ（ネマガリタケ）
たけのこ、じだけ

分　類：イネ科
分　布：北海道～本州（中部地方以北）
生育場所：斜面・林内
採取時期：春

🔍 **見分け方のポイント**　高山の林道などの斜面に沿って一面のササ薮が広がる。それこそ見渡す限りだ。茎の根元から横に這って、その先を大きく弓なりにして立ち上がる。これがネマガリタケの名の由来だ。高さは1～3mにもなるが、道路にいる限り腰ほどの高さにしか見えない。大雪に順応した雪国の植物の知恵である。このササの新芽がタケノコで、ふつうのタケノコと違い食用にするのは先端から1/3の部分だ。枯れ草から芽先が少し出ている頃に採る。

山・高原

深い薮をつくるチシマザサ。中に入るのは至難の業で、タケノコ採りも重労働だ。

山椒味噌をつけて熱々のホイル焼きに。 　　高野豆腐と煮ものにしても絶品。

素早く処理して、おいしく味わう

採り方　枯れ葉をかき分けて、タケノコを上に持ち上げるようにひねると簡単に採れる。ついつい奥に入り込みやすく、方向を見失い事故につながる。知らない山ではくれぐれも気をつけよう。また両手を開けるために、必ずリュックサックを背負っていこう。

下ごしらえと料理方法　採りたての姿焼きをすすめる。皮つきのままたき火の熱灰に差し、湯気が出たら皮をむき味噌をつける。持ち帰ったものはすぐに下側から皮を脱がすようにむき、米のとぎ汁でゆでる。味噌汁の実、味噌田楽、煮もの、ホイル焼きがよい。

山・高原

カヤ
ほんがや

分　類：イチイ科
分　布：本州（宮城県以西）～九州
生育場所：林・社寺の境内
採取時期：秋

🔍 **見分け方のポイント**　山地に自生しているが、神社などに多く植えられている。葉は表面につやがあり、葉先が針のようにとがっているので、手で触ると痛い。前年に伸びた枝先に緑色の表皮に包まれた実をつける。表皮が紫褐色になって熟すと割れて、中から茶色の種子が出てくる。この胚乳は脂肪分が多く、昔は油を採った。

🌱 **採り方**　実が口を開けて落ちているのを拾い集める。それだけでかなりの収穫になる。

🍵 **下ごしらえと料理方法**　表皮をむき中の実を出す。そのままでは渋味とヤニ臭さが強い。水にさらし、よくゆでる。その後なら、煎ると香ばしさも増しておいしく食べられる。

山・高原

イチイ
おんこ、あららぎ

分　　類：イチイ科
分　　布：北海道〜九州
生育場所：林・庭
採取時期：秋

🔍 **見分け方のポイント**　用材として用いられるイチイは太さが1mにも達する大木になるが、ふつう生け垣や庭木で見るものはせいぜい高さ2mほどだ。葉の先はとがっているが、やわらかくて触っても痛くない。目立たない花の後に、まず種子が大きくなり、秋に成熟すると赤い肉質の表皮に囲まれる。だが先端は包まれずに開いていて、中の種子がよく見える。

✂ **採り方**　赤い肉質はやわらかい。丁寧に1粒ずつ摘むのがよい。

🍳 **下ごしらえと料理方法**　赤い肉質はとても甘いが、種子には毒が含まれている。生食は種子を噛まずに吐き出そう。果実酒にも種子の無傷のものを選んで仕込む。

山・高原

ワラビ

わらびな、やわらび、さわらび

分　類：ワラビ科
分　布：北海道〜九州
生育場所：道端、スキー場などの草地・湿地
採取時期：春

🔍 **見分け方のポイント**　山菜採り、すなわちワラビ採りというほど親しまれている山菜。握りこぶしを巻き込んだ柄が、すらりと背を伸ばしている。縮めた葉先に茶褐色の毛をまとう。夏に生長したシダの姿は涼しげだ。草原に生えるワラビをシバワラビと呼び、丈は短いが太くて旨味が本物。林内に生えるヤブワラビは背が高く見場はよいが、やわらかいだけで味がないという。好みはいろいろだが、それぞれの地域のこだわりがあっておもしろい。

山・高原

山地の草原や土手などで、ふつうに見られる。身近な山菜のひとつだ。

定番の煮ものは故郷の味だ。　　　現代風のグラタンにもぴったり合う。

> グラタンに調理。新しい味のでき上がり

採り方　柄の先の葉が開かないうちの茎を、下へ指をすべらせてポキッと折れるところから採る。手の熱でどんどんかたくなるから、切り口を下にしてかごなどに入れよう。

下ごしらえと料理方法　切り口のかたい部分は切り捨てる。バットなどに平らに並べて、木灰か重曹を溶かしてかけ上から熱湯を注いで一晩置く。洗って水にさらした後、苦味が残っていればサッとゆでる。ゆで過ぎるととろけてしまう。おひたし、わさび醤油で刺身風に。マヨネーズ味噌やクルミあえ、煮もの、汁の実などもよい。

山・高原

クサソテツ
こごみ

分　類：オシダ科
分　布：北海道〜九州
生育場所：湿った林内や草地・沢沿い
採取時期：春

🔍 **見分け方のポイント**　食べ頃のクサソテツを見つけるより、生長した姿が目立つ。ここに、こんなに生えていたの、と後日、残念な思いをする。少し湿った林内や沢沿いに群落をつくって生えている。若芽の葉柄は濃い緑色に黄緑色の縁取り。5〜6本行儀よく輪になり、まるで内緒話をしているかのように、丸めた葉先をくっつけ合っている。やがて背伸びをするようにほどけてくる葉は、美しい草緑色をしている。鮮やかな色合いが、いかにもおいしそうである。

山・高原

湿った林床に多く生える。明るい緑色の葉はよく目を引く。

くせがないので、ゆでるだけでおいしい。 　どんな料理にも向くおいしい山菜だ。

オリジナルのあえものにぜひ挑戦

採り方　葉を巻いた若芽全体や、葉のほどけだした先端のやわらかい部分を摘む。1株の若芽は2本ぐらいは残しておこう。

下ごしらえと料理方法　若芽の頭を覆った茶色の皮（苞）と、根元の黒ずんだ切り口の部分を取り除く。アクがないからゆでてすぐに調理できるが、鮮やかな緑色は抜けてしまう。生で3個くらいまとめて天ぷらにするとおいしい。豆板醤と味噌で味つけした油炒めはビールのつまみに。ゆでたものにかつお節やシラス干しをのせ、酢醤油で食べるおひたしもよい。サラダや煮つけにも向く。

山・高原

ゼンマイ

ぜんめ、ぜんご、あおぜんまい

分　類：ゼンマイ科
分　布：北海道〜九州
生育場所：林内・林縁
採取時期：春

🔍 **見分け方のポイント**　なぜかなつかしさを感じる山菜である。早春、薄茶色の綿帽子をかぶって頭をもたげてくる。この茎は茶色だが、綿毛のすき間から黄緑色の丸まった葉がのぞいている。この葉は栄養を吸収する裸葉といい、胞子をつくる実葉は茶色で役目を分けて芽を伸ばす。食べるのは裸葉で、実葉は少し遅れて伸びてくる。また山の湿原に群生するヤマドリゼンマイも同じように利用し、ふつうのゼンマイと混ぜて調理してもかまわない。

山・高原

ヤマドリゼンマイの新芽は、色や形が独特でよく目立つ。

ゼンマイの葉の形をよく覚えておこう。

まさに山菜！という馴染みのある味だ。

> 手間暇かけてつくろう。一味違う私の味

採り方 綿毛をかぶった若芽全体を採る。15〜20cmくらいの丈のものがちょうどよい加減である。

下ごしらえと料理方法 ゼンマイはゆでるだけでは食べられない。下ごしらえは、水からゆでて、熱くなったら湯を捨てることを繰り返し、3度目に熱いうちにふたをして一晩置く。野菜や油揚げ、こんにゃくなどを入れて炒め、砂糖、醤油で味つけする。保存するにはまず綿毛をとり、木灰か重曹でゆでる。広げて天日に干し、よくもむ。裏返しにしてまたもみを繰り返し、カラカラになるまで干す。

海辺
水辺

　海や川、湖沼、水田など、水辺は人間との係わりが大きい場所。山菜を得るためには健康な水辺が必要。都市部では水辺との係わりが薄れているが、水辺の山菜を楽しむことで、もう一度、人間と水辺の関係を見つめ直そう。

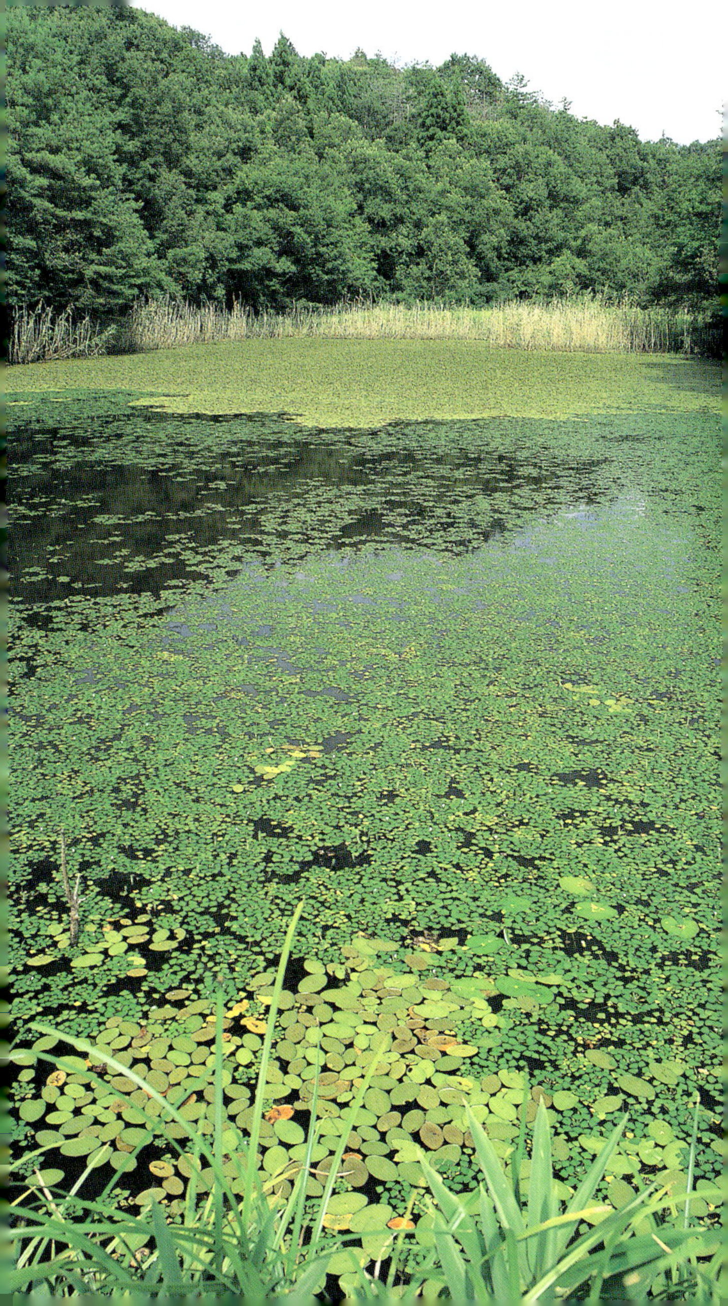

> 海辺

ツワブキ

つわ、つやぶき

分　類：キク科
分　布：本州（福島県以西）～九州
生育場所：海岸近くの半日陰地
採取時期：春

🔍 **見分け方のポイント**　海岸付近の崖や林の中で、1年中葉を枯らすことなく生えている。葉の表面はつややかで、潮風に鍛えぬかれたかのように厚い。葉だけを見ているとノブキの海岸形かと思うが、属は別である。秋に咲く5cmほどの黄色い花を見ると違いがはっきりするだろう。また葉柄はフキのような穴が開いていない。春先に出る若い葉や茎は褐色の綿毛に覆われ、まるで灰をかぶったように見える。観賞用に庭や公園などにも植えられている。

海辺

海岸の崖などに力強く生えているツワブキ。場所によっては大きな群落もつくる。

ツワブキの黄色い花は秋咲き。

フキのようにきゃらぶきがおいしい。

> 庭にあるツワブキを
> 今夜のおかずに

採り方 若い葉や茎を根元からナイフなどで採る。質がやわらかいから手でも摘めるが、刃ものを使う方がきれいに採れる。

下ごしらえと料理方法 若葉を切り落とした茎をゆでるが、アクが強いから木灰か重曹を入れてゆで、一晩水に浸した後で皮をむく。おひたしやあえものには、もう一度軽く湯がいた方がよい。切り落とした若葉や花のつぼみを天ぷらに。茎を適当に切り、醤油、みりんで汁気がなくなるまで煮たきゃらぶきや、ニシンやタケノコと一緒に煮た煮ものがおいしい。

海辺

アシタバ

八丈草、あしたぐさ

分　類：セリ科
分　布：本州（関東地方以西）〜九州
生育場所：海岸の砂地から少し入った林内や林縁
採取時期：春

🔍 **見分け方のポイント**　太平洋側の海岸近くの林などに生えるセリの仲間だ。驚くほど生命力が強くたくましい。栽培されたものを店頭で見かけることもある。太い茎は1m以上にも伸び、厚く光沢のある葉をわさわさと茂らせる。茎を傷つけると黄色の汁を出すのが特徴だ。夏から秋にかけ、枝分かれした茎の先に薄黄色の細かい5弁花を放射状に咲かせる。おおざっぱな態があまりおいしそうに見えないが、さわやかな香味はなかなかである。

海辺

セリ科に特徴的な花。花の頃は山菜としては旬を過ぎている。

天ぷらの衣は片面だけつける。 　　　　　サッとゆでておひたしに。香味が身上。

丼ものと酢のもの、
汁の実で明日葉定食

採り方　春に伸びる若芽や太い茎から伸びた若茎を切り採る。根を残しておけば葉をよく出し、若葉の採取期間は長い。

下ごしらえと料理方法　大きめの葉と太い茎は切り離し、葉は片面だけ衣をつけて天ぷらにする。太い茎や若茎などは香りを失わない程度にゆで(ゆで過ぎには注意)、おひたしや味噌、ゴマ、ピーナッツ、マヨネーズなどとあえものにする。太い茎は斜めに切って七味唐辛子を入れて油炒め。鶏肉などを加えて薄味でサッと煮て、玉子でとじてご飯にのせれば明日葉どんぶりだ。

海辺

ハマボウフウ
やおやぼうふう、はまぎい

分　類：セリ科
分　布：北海道〜九州
生育場所：砂浜
採取時期：春

🔍 **見分け方のポイント**　浜の砂地に葉を這わせ広がっている。茎もあまり高く伸びず5〜10cmほどである。葉には光沢があってかたく、濃い緑色だ。強い風などから自身を守るため、太くて白い根を砂の中にまっすぐ深く伸ばしている。刺身のつまなどに使われるボウフウはやわらかく仕上げた栽培ものだから、自生のものと同じとは結びつかないかもしれない。茎の先端に多数の枝を出して咲く細かな白い花は、砂地に散った線香花火のようである。

海辺

ハマボウフウの花。浜辺を覆うように広がり、花を咲かせる。

ボタンボウフウも同じように利用できる。　　辛子醤油あえ。

色合いや切り方の工夫でおしゃれに

🌱 **採り方**　砂地の表面に出ている葉はかたいから、砂に埋もれている、葉の緑と茎の色合いがきれいな若芽を、まわりの砂を掘るようにして葉柄ごと摘み採る。乱獲や環境破壊で、採取禁止の看板を見かけるようになった。保護や採取のルール徹底を心掛けよう。

🍲 **下ごしらえと料理方法**　葉や茎の間の砂をよく洗い落とす。やわらかな茎であれば生食してもおいしい。茎に十文字に刃を入れ（錨のような飾り切りになる）天ぷらにする。ゆでて辛子醤油であえたり、細かくきざんで海苔と混ぜてもおいしい。

海辺

ハマエンドウ

分　類：マメ科
分　布：日本全国
生育場所：砂浜
採取時期：春

🔍 **見分け方のポイント**　日本のいたる所の砂浜で見られるポピュラーな海浜植物である。砂の中に長く根を引いて広がり、4〜8月、赤紫色の花を咲き競わせて、海岸の景色を美しく飾っている。茎は四角く、葉柄のつけ根に葉と同じくらいの三角形の托葉がある。丸味を帯びた葉は4〜6枚対になった羽状複葉で、色合いは全体が白っぽい。葉先に1本の巻きひげがついている。花後につく豆はえんどう豆によく似ている。

海辺

海岸を華やかに飾る花、それがハマエンドウだ。

紫色の花は印象が強い。

ハムと一緒にスクランブルエッグに。

> 炒めものにはカキ油
> ソースがよく合う

採り方 花のつぼみがつく前の若芽や、やわらかい若葉を摘む。群生しているから採取しやすいので、汚れのないきれいなものを充分に選んで採ろう。花や実も時期を変えて摘める。

下ごしらえと料理方法 気をつけて持ち帰ったつもりでも、砂が一緒についている。よく洗って処理をしよう。若芽や葉は天ぷらにする。塩だけで食べた方がおいしい。実は小エビなどと一緒にかき揚げにする。こくのあるおいしい一品ができあがる。ゆでておひたしやゴマなどのあえものに。ちくわと一緒に油で炒めてもよい。

海辺

ハマダイコン
のだいこん、いそだいこん

分　類：アブラナ科
分　布：日本全国
生育場所：砂浜・岩場
採取時期：主に3～6月

見分け方のポイント　海辺の民家や漁具置き場の横など、砂と土が混ざった場所に多く生えている。3～4月頃、荒い毛を持った葉を地面の四方に広げ、白い根を深く下ろしている。場所の条件にもよるが、肥大して立派な根になっているものもある。初夏に花茎を出し、紫色の縁取りをした白い美しい4弁花を咲かせる。葉も花も根もまさに野生の大根である。花後にできる実は、5～8 cmの細いさやに種子を数珠つなぎにして、おもしろい形である。

海辺

潮風に揺れるハマダイコンの花は、海辺に夏の訪れを告げているようだ。

根はダイコン同様に利用できる。

若い実をわさびマヨネーズであえた一品。

> 独特の歯切れと香り
> は、とてもさわやか

採り方 花茎が伸びてくると根はすがたってしまう。ロゼット状の葉はまとめて持ち、根ごと抜き採る。若い実も摘む。

下ごしらえと料理方法 外側の傷んだ葉を取り除き、汚れを落とす。ふつうの大根よりずっとかたく辛味もあるが、香りや味は一人前である。根と葉を切り離し、根は千切りにして塩をふり、葉はゆでて細かめにきざんで一緒に一夜漬けにする。また、根を切らずに塩漬けしてから、味噌や粕に漬け込むのもおいしい。実も漬けものになるが、塩ゆですればビールの肴に最高である。

223

海辺

ツルナ
浜ぢしゃ

分　　類：ハマミズナ科
分　　布：日本全国
生育場所：砂浜・岩崖の下
採取時期：ほぼ1年中

🔍 **見分け方のポイント**　海岸の砂地に自生している。葉も茎もぽったりとしていてやわらかく、触れればすぐに折れてしまいそうだ。全体に微細なつぶつぶがあり、ざらっぽく感じる。海岸植物の常で茎は地を這う。三角形の葉の脇につける小さな黄色の花はいつも咲いているように思えるが、それもそのはず、花期は4〜11月と長く、その分、採取もほぼ1年近く楽しめる。畑でも栽培され市場に出まわっているが、くせもなく葉もの野菜として大いに利用したい。

海辺

ハマダイコンと一緒に浜辺に根を下ろすツルナ。海岸風景に溶け込んでいる。

黄色い花は葉の陰に咲く。　　　　スパゲッティなど洋風の味つけにも合う。

> ツルナは洋食風の
> 味つけがよく合う

採り方　群生しているから、きれいなものをよく選んで採る。茎先10cmくらいから軽く折れば採れる。用途が広いから多めに採って、いろいろな料理を楽しもう。

下ごしらえと料理方法　まずゆでて冷水にすぐさらし、水気を切る。茎などのざらっぽさは気にならなくなる。おひたしも無論よいが、梅や中華ドレッシングでサラダ風にするのがおいしい。バター炒めでスクランブルエッグと組み合わせたり、ホウレンソウのキッシュをツルナで試すのもよい。たらこスパゲティにも合う。

| 海辺 |

オカヒジキ

分　類：ヒユ科
分　布：日本全国
生育場所：砂浜
採取時期：春

🔍 **見分け方のポイント**　オカヒジキは畑で栽培するものと思いこんでいて、砂浜に自生していると知ると驚く人が多い。茎の高さは10〜40cmで、枝を多数分岐させて葉を出す。この様子からヒジキの名がついた。針のような葉は多肉質で、一見ごそごそとかたそうだが、指で簡単につぶれる。長く下に伸びた根から塩分を含まない地下水を採取し、葉が貯水能力を持つように海浜植物は適応してきた。その葉の特徴が食べたときの快い歯ざわりとなっている。

海辺

厳しい浜辺の環境で力強く育つオカヒジキ。葉も乾燥に強い多肉質だ。

花は花弁がなく、とても地味。

梅肉あえもおつな味。

がんもどき風揚げものは栄養も満点

採り方 茎はかたいが、若い枝や葉はやわらかい。鮮緑色が見るからにおいしそうである。春先に砂浜に広がった枝先を摘み採る。砂まみれになることを覚悟した方がよい。

下ごしらえと料理方法 ミネラルを多く含んだ山菜で、アクもなく料理の幅も広い。自分だけの味を楽しめる食材である。サッとゆでて、水に通したら水分を充分に絞る。おひたし、わさびマヨネーズ、トマトソースなどのあえもの。絞った豆腐にニンジン、シイタケなどと一緒に加え、卵、片栗粉でだんごにして揚げてもおいしい。

海辺

アサツキ

分　類	ネギ科
分　布	北海道〜四国
生育場所	砂浜・岩場・畑
採取時期	春〜夏

🔍 **見分け方のポイント**　北日本では海岸沿いに群生しているが、日当たりがよければ1000mくらいの山地にまで生える、すこぶる生活力の強い山菜である。葉は細かいストロー状でネギの小形といった方が分かりやすい。鱗茎はラッキョウに似ただ円形で、淡紫色の薄い外皮に包まれている。夏頃に30〜50cmくらいの花茎を出し、先端に紅紫色のネギ坊主形の花が咲く。全草にネギのような特有の臭いがあるから、見間違えることはない。

海辺

海岸の岩場に咲くアサツキの花。しかし海岸だけでなく山地にも生える。

紫色で、形はネギ坊主のようだ。

マグロのたたきの薬味に。

> ピリッとした辛味
> を生かした料理を

採り方 群生しているから探しやすい。若い葉や鱗茎、花を利用する。鱗茎を傷つけないよう、スコップなどで掘り起こす。若い葉だけでも用途が広いから、根際からちぎってもよい。花の頃は葉もかたくなるが、花で代用できる。花だけを摘み、1個ずつばらして汁ものなどの薬味に。

下ごしらえと料理方法 鱗茎の外皮をむいて葉も一緒にきざみ、麺類の薬味や汁の実に。刃を入れず生味噌をつけて食べる。ゆでて酢味噌あえに。魚介類とよく合う。ネギと同様に使えて便利だ。

海辺

イヌビワ

分　類：クワ科
分　布：本州（関東地方以西）〜沖縄
生育場所：海岸近くの林
採取時期：秋

🔍 **見分け方のポイント**　海に近い薮の中に生えている木である。イヌビワの実はビワに似ているがイチジクの仲間で、花らしい花をつけずに実をつけるのもイチジクと同じである。実をもぎ取ると切り口から白い乳液が出る。斑点が目立ち、つやのないものはまだ未熟。晩秋から冬に暗紫色に熟した実はとても甘い。

🌿 **採り方**　充分に熟したものを採る。春に実がつき翌年の初夏に熟すものもあり、年2回採れることもある。

🥣 **下ごしらえと料理方法**　生食するか、砂糖とレモン果汁などで酸味を加えてジャムにする。色はあまりよくないが、おいしいジャムができ上がるので試してほしい。

海辺

イヌマキ
まきのき

分　　類：マキ科
分　　布：本州(関東南部以西の太平洋側)〜沖縄
生育場所：海岸近くの林
採取時期：秋

見分け方のポイント　暖地にある木で、庭木としても植えられている。たくさんの枝に長い棒状の葉を茂らせる。秋になって熟す実はユニークな形をしている。一体、神さまはこれをどんな遊び心でつくったのだろうか、と考えてしまう。暗赤色のだ円形の筒から緑色の丸い玉を吹き出しているのは、赤い胴体のこけしにも見える。ただし、先端の種子は有毒である。

採り方　葉の脇についた実を1粒ずつ採り集める。

下ごしらえと料理方法　採りながら、そのまま赤い部分を食べてみよう。甘くておいしい。種子は噛まずに吐き出すこと。果実酒も種子ははずして漬け込み、半年で実を取り出す。

水辺

サワオグルマ
やちぶき

分　類：キク科
分　布：本州〜四国
生育場所：川辺・沼地・田の畦
採取時期：晩春

見分け方のポイント　湿り気のある場所に、集団をつくって生えていて、初夏に明るい黄色の花を咲かせる。花の頃には葉が目立たず太い中空の茎ばかりに感じるが、若いときのへら状の葉は茎とともに白い綿毛に覆われ、花茎を包み込んでいる。シュンギクのような香りと、やさしい味が楽しめる。

採り方　若芽や、花の開く前までのやわらかい茎全体を、つけ根から摘み採る。開花していたら花も利用できる。

下ごしらえと料理方法　そのまま天ぷらにするのがおいしい。ゆでてから、ゴマ油で香りづけした酢醤油であえたり、マヨネーズあえにしてもよく合う。

水辺

ヒシ

分　類：ミソハギ科
分　布：北海道〜九州
生育場所：池沼・流れのない用水
採取時期：秋

🔍 見分け方のポイント　水底に細い茎を伸ばし細い羽毛のような根を出して、水面では菱形の葉を四方に広げている。葉柄の途中がふくれた浮き袋があり、水にうまく浮いているのだ。夏に、池全体を菱形の葉でふたをするかのような群落をつくる。秋には葉の下側の茎に鋭い棘の出た実ができる。棘の数が異なるヒメビシ、オニビシも同様に利用できる。

🌱 採り方　棒などを使って岸辺近くに全体を引き寄せ、実の部分を摘み採る。青いうちでも黒くなってからでもよい。

🍲 下ごしらえと料理方法　汚れを洗い流して塩ゆでし、中身を出して食べる。少し泥臭さはあるが、こくのある味が楽しめる。

水辺

オランダガラシ

クレソン

分　類：アブラナ科
分　布：日本全国
生育場所：川辺・湿地
採取時期：春

🔍 **見分け方のポイント**　クレソンといえばすぐ姿が目に浮かぶかもしれない。肉料理の添えものになっている、さわやかな辛味のある青ものだ。明治初期に料理用にオランダから輸入されたものが逃げ出して、今では日本全国で育っている。きれいな川辺の縁に、水面が見えないくらい盛り上がるように生えていることもある。茎が長く這って白い根を出し、その先が30〜50cmの高さに立ち上がる。よく枝を出し、初夏、その枝先に白い4弁花を咲かせる。

水辺

水辺を埋め尽くすオランダガラシ。帰化植物だが全国の水辺で見られる。

花は小さくてかわいらしい。

サラダのように自由に使おう。

つぼみを天ぷらにしてもおいしい

採り方 山などの湿地にも生えているが、やはり水の流れの中に生えているものの方がやわらかい。また春の若芽の頃が最もよいが、1株から次々と新芽がでるから1年中摘むことができる。茎の先端10cmくらいを摘み採る。花のつぼみがあってもよい。

下ごしらえと料理方法 やはり生で食べるのがいちばんだ。そのためにもよく洗ってから利用する。いろいろなドレッシングやマヨネーズをかけてサラダに。軽く熱湯にくぐらせてから塩をした即席漬けもよい。軽くゆで、おひたしや酢味噌あえもおいしい。

水辺

ワサビ

やまわさび、さわわさび

分　類：アブラナ科
分　布：本州～九州
生育場所：渓流・湿った林内
採取時期：春～初夏

🔍 **見分け方のポイント**　ふつうワサビと聞くと刺身などですり下ろして使う根をいうが、山菜では葉茎や花を食べるものである。深山の清水が湧き出した流れの縁に生えている。つやのある丸いハート形の葉を根元から長い柄を束にして出し、全体はこんもりとした形である。伸びた花茎の苞葉の先に白い4弁花をつける。ユリワサビは湿気のある木陰などに生え、全体が小形でひ弱な感じである。葉柄も花茎も長く、根茎はごく小さくヒゲ根が目立つ。

水辺

山間の清流を利用した山葵田。長野県の穂高町など、観光地になっている場所もある。

花を咲かせたユリワサビ。　　　　　ユリワサビの磯辺巻き。辛味がおいしい。

> **貴重な山の恵みはおひたしが最適**

採り方　ワサビもユリワサビも年々生息地が減少している。決して根を引き抜かないことと、種子ができ始めていたら採取をやめるよう心掛けたい。どちらも若い茎葉や花茎を摘み採る。ほのかな辛味と香りはたとえようもない味である。

下ごしらえと料理方法　生のまま5cmくらいに切り、ボールなどに入れて塩をまぶして軽くもみ、熱湯をかけてふたをしてしばらく蒸す。ギュッと絞ってかつお節と酢醤油をかける。風味を味わうには最も適した食べ方だ。ほかにサッとゆでて、サラダにする。

水辺

バイカモ

うめばちも、かわまつ、みずひじき

分　類：キンポウゲ科
分　布：北海道〜九州
生育場所：清流・湧水地
採取時期：春〜晩秋

🔍 **見分け方のポイント**　清流でなければ育たない、水中に生える山菜である。流れに身をまかせたバイカモが、水底を緑色に染めているようだ。茎の長さは30〜60cmくらいで、節から白い根を出している。細かく分岐した枝先に、糸のような葉がいくつも束になり刷毛のようである。夏、葉の脇から長い花茎を出して、白梅の花に似たかわいい花を咲かせる。和名の梅花藻（バイカモ）とは、この花の形によるものだ。キンポウゲ科で食用になる2種類のうちのひとつである。

水辺

清流にしか育たないバイカモ。むやみな採取は控えたい。保護されている場所もある。

夏に白梅に似た花を咲かせる。

吸いものに入れる。鮮やかな緑が映える。

> 清流の精には単純な味つけがよい

採り方 水の汚染などでバイカモの姿を見ることが少なくなったのは残念である。食用部位はやわらかな茎葉で、全体を持ち上げ根を残してちぎる。春から晩秋まで採取することができる。

下ごしらえと料理方法 ぬめりやアクがなく、しゃきしゃきとした歯ざわりがおいしい山菜である。ゆでてすぐに水に取り、水気を充分に切る。酢のもの、辛子やマヨネーズあえ、また大根おろしであえるのもおいしい。汁の実に、溶き卵やナメコと合わせれば見た目も美しい上品な椀になる。

水辺

リュウキンカ

分　　類：キンポウゲ科
分　　布：本州、九州
生育場所：湿原・山地の川辺
採取時期：早春

見分け方のポイント　春を告げるように湿原一面に咲くリュウキンカの5弁花は、金色の絨毯を敷きつめたようで美しい。まわりにギザギザのついたハート形の葉は厚くつややかだ。その葉の間を割り込むように出る花茎の高さは50㎝ほどになる。花茎も葉茎も穴ばかりというくらい肉が薄く、簡単にスポッと折れてしまう。短く太いひものような根が束になっているのも特徴である。北海道や東北地方に咲くエゾノリュウキンカは大形で、広く食用とされている。

水辺

春の戸隠高原を飾るリュウキンカの大群落。春の訪れを告げる花でもある。

玉子とじにするとよく合う。

ゴマあえなどのあえものも定番だ。

> 海と山の出会いが
> おいしい磯辺巻き

採り方 茎葉全体を摘む。手で軽く折ることができる。若い頃が食べ頃だが、花やつぼみがあっても大丈夫だ。植物保護地区の湿原内で、ミズバショウと同じ場所に咲いている場合もあるが、そのような場所での採取は決してしてはいけない。

下ごしらえと料理方法 産地などの違いにより苦味の強いものがある。ゆでてから噛んで苦ければ、2〜3回水を替えてさらしてから料理するとよい。おひたしやあえもの、玉子とじがおいしい。海苔で巻いた磯辺巻きもおつな味だ。

水辺

ジュンサイ
ぬなわ

分　類：ハゴロモモ科
分　布：日本全国
生育場所：池沼
採取時期：夏

🔍 **見分け方のポイント**　池や沼に生える水草である。水底の泥の中に根を這わせ、そこから茎を伸ばして水面に葉を浮かべる。その葉は長さ10cmほどのだ円形で、ちょうど楯のようだ。緑色の表面はつやがあってなめらかだが、裏側は暗紫色でジュンサイの特徴である粘質物がついている。初夏に葉の脇から花柄を出し、小さな紅紫色の花を咲かせる。両側を丸めた若葉や茎、つぼみは、すくえば手から逃げ出すほど、すっぽりと透明なゼラチン質の膜に覆われている。

水辺

沼の水面に船を浮かべジュンサイ採り。季節の風物詩でもある。

ハゴロモモ科だが花は地味め。

ジュンサイの素麺風。さっぱりとおいしい。

> ジュンサイの味は
> まさしく日本の味

採り方 ジュンサイの生育地は毎年減り、田んぼなどで栽培されることが多くなった。また自然の沼に生えていても、ほとんどの場所で入会権を持たなければ採取ができなくなっている。だが新鮮なものの味は市販のパック詰めとは格段の差がある。勝手に採ることはできないから、採れたてを分けてもらおう。

下ごしらえと料理方法 水に浮かせて汚れやゴミを取り除き、ざるに入れて熱湯にくぐらせる。三杯酢やワサビ醤油、酢味噌あえは酒の肴に。汁の実や、うずら卵と海苔と麺つゆで素麺風がおいしい。

水辺

オモダカ

はなぐわい、すいたぐわい

分　類：オモダカ科
分　布：日本全国
生育場所：水田・沼地
採取時期：秋〜冬

🔍 **見分け方のポイント**　水田や溝などに見られ、米づくりには嫌われ者の雑草である。やじり形の葉を人の顔に見立てて名がつけられたが、むしろ絵本に出てくるキツネの顔のように見える。3枚の白い花弁がかわいい花だ。秋に地下茎を伸ばし、先端に球茎をつける。野菜のクワイと同じ仲間だが、オモダカの方がずっと小さい。

✐ **採り方**　晩秋、茎が枯れた頃に球茎を掘り出す。休耕田などで見つけたときは、一言、持ち主に断りを入れてから掘り起こそう。このようなトラブルを避けるのも山菜採りのルールのひとつだ。

🍲 **下ごしらえと料理方法**　クワイと同じ要領で皮をむいて、すぐに水に放す。水を切り、甘辛に煮つけたり天ぷらにして食べる。

毒草

　自然を楽しむためには、ある程度のリスクの覚悟が必要。でもそのリスクは正しい知識と経験で避けられるもの。山菜採りのリスクのひとつである「毒草」も同じこと。山菜を100％楽しむために、しっかりと覚えよう。

毒草

サワギキョウ

分　　類：キキョウ科
分　　布：北海道〜九州
生育場所：湿原・沼地
目立つ時期：夏〜秋（花）

🔍 **見分け方のポイント**　湿原に生えるキキョウの仲間だが、山菜にするキキョウとは花の形がずいぶん違う。上に2つ下に3つの切れ込みのある唇形で、縁には毛がまばらに生えている。90cmほどの草は枝分かれせずまっすぐに立って、茎は中空だ。葉は上にいくほど小形になる。全草毒草で、食べると嘔吐、下痢、心臓麻痺を起こす。

紫色の花はおもしろい形をしている。

毒草

ヒョウタンボク
キンギンボク

分　類：スイカズラ科
分　布：本州〜九州
生育場所：低木林
目立つ時期：初夏（実）

🔍 **見分け方のポイント**　高さ1mほどの丈の低い木で、毛に覆われた葉の脇に白から黄色に変わる花が2つ並んで咲く。よい香りの花だ。その後、ひょうたん形に2個くっついた実がなる。ウグイスカグラと同じ仲間で、真っ赤な色とかわいらしい形からつい手が出そうになるが、この実は有毒であるから誤食してはいけない。

花は咲くと色が次第に濃くなっていく。

毒草

ハシリドコロ

分　　類：ナス科
分　　布：本州〜九州
生育場所：山地の湿気のある林内・沢沿い
目立つ時期：春（新芽）

🔍 **見分け方のポイント**　山の沢沿いの湿地などに、早春、雪を割るようにだ円形の葉を一束にして若芽を出す。茎も葉もやわらかくおいしそうだが、全草にアルカロイド系の猛毒を含み、日本の毒草の代表的存在だ。茎は30〜60cm、葉の脇から暗紅紫色の鐘形の花を下向きに咲かせる。毎年のように誤食による中毒事故が起きている。

いかにもおいしそうな姿が人を惑わす。

毒草

ヒヨドリジョウゴ

分　　類：ナス科
分　　布：日本全国
生育場所：野原・林縁
目立つ時期：秋（実）

🔍 **見分け方のポイント**　山野の道端などに生える、葉や茎に腺毛のあるつる性の草で、他のものにからみついている。葉は卵形だが茎のもとは切れ込みの入ったハート形である。茎から数本出た花柄は分枝して、白色の花弁が反り返った小さな花をつける。8mmくらいのプチトマトのような実が赤く美しいが、この実が有毒である。

花は花弁が反り返り、しべが突き出る。

毒草

レンゲツツジ

分　　類：ツツジ科
分　　布：北海道〜九州
生育場所：高原・林縁
目立つ時期：春〜初夏（花）

🔍 **見分け方のポイント**　夏の高原に咲くレンゲツツジの緋色の花の群生は壮観。花は枝の先端に数個かたまって咲き、葉はその下の脇の芽から遅れて出てくる。古くから園芸植物として栽培され、花色も黄色や橙色がある。この美しい花も木全体に毒がある。放牧地に多く見られるのは、ウマやウシもこの木には見向きもしないからだ。

秋に美しく紅葉する。観賞にはよい木だ。

毒草

ドクゼリ

分　類：セリ科
分　布：北海道～本州（中部地方以北）
生育場所：湿地・池沼・小川
目立つ時期：春（新芽）

🔍 **見分け方のポイント**　水辺や沼地に生え、若芽が山菜のセリと間違えやすい。ドクゼリは鮮やかな緑色の葉で細長く、全体が大柄だ。根（地下茎）は水の中で生える場合が多く、太くタケノコのように節があり中空で緑色だ。根を確かめるのが最も分かる。1mにも伸びた茎先の花は小さい。根を含め全草有毒で、死に至ることが多い。

太い地下茎が見分けのポイント。

毒草

ヤマウルシ

分　　類：ウルシ科
分　　布：北海道〜九州
生育場所：林
目立つ時期：春（新芽）、秋（紅葉）

🔍 **見分け方のポイント**　山地にあり、紅葉シーズンには先駆けて色づき美しい。また春先に灰白色の若木の茎先に新芽が立ち上がり、その葉の軸が赤褐色で目立つ。葉軸は丸い棒状で細かな毛が生え、小葉の両面もざらついている。茎や葉を切れば乳液を出し、この汁でかぶれることが多い。キャンプなどで燃やした煙でもかぶれる。

花の後、実を房のようにつける。

毒草

ツタウルシ
うるしづた

分　類：ウルシ科
分　布：北海道〜九州
生育場所：林
目立つ時期：秋（紅葉）

🔍 **見分け方のポイント**　茎から気根を出し、太い木などによじ登るつる性の木。3枚の複葉が若芽の頃はつやがあり、秋には美しく紅葉する。5〜6月、黄緑色の花が咲く。枝や葉を切ると薄黄色の乳液を出す。これはヤマウルシとは異なる成分の汁で、かぶれもより一層ひどくなる。うっかり触れないように注意が必要だ。

新芽は特に誤食しないよう注意したい。

毒草

ヌルデ
しおのき

分　類：ウルシ科
分　布：日本全国
生育場所：林
目立つ時期：夏（花）、秋（紅葉）

🔍 **見分け方のポイント**　野山にある高さ5m内外の木で、若芽の頃は薄茶色の毛に覆われる。葉は羽状複葉を枝先近くに出し、軸の両側に翼があるのが特徴だ。切ると茶色がかった白い樹脂を出し、この液でかぶれを起こす。ヌルデの実は熟すと表面に酸性リンゴ酸カルシウムという白い粉をふき、塩辛い味からシオノキとも呼ばれる。

ヌルデの花。小さな花が穂のように咲く。

毒草

ドクウツギ

いちろべごろし

分　類：ドクウツギ科
分　布：北海道〜本州（近畿地方以北）
生育場所：林・河原
目立つ時期：秋（実）

🔍 **見分け方のポイント**　山の斜面など日当たりのよい場所に群生している。根元近くから細い小枝を多く出し、だ円形の葉をわさわさと2列に対生させている。花後にできる球形の実は見るからに毒々しい紅色だが、肥大すると5つの稜を出し黒紫色に熟す。この実は甘いが、全体にアルカロイドなどの猛毒を含む。子供には特に注意を。

花は、その実ほどは目立たない。

毒草

トウダイグサ

分　　類：トウダイグサ科
分　　布：本州〜沖縄
生育場所：畑・道端・土手
目立つ時期：春（花）

🔍 **見分け方のポイント**　日当たりのよい道端や荒れ地に生える。茎の先に輪になって生える5枚の葉のもとから放射状に出した枝に黄色の葉をつけ、さらにその上に枝を出して花弁のない花をのせる。杯状花序という変わった花のつき方をする植物である。茎や葉を切ると白い乳液を出す。この汁に触れるとかぶれる、有毒植物である。

ろうそくを灯す燈台が名前の由来。

毒草

ノウルシ

分　類：トウダイグサ科
分　布：北海道〜九州
生育場所：草地・湿地
目立つ時期：春（花）

🔍 **見分け方のポイント**　河原の湿った草原に群生している高さ50cmくらいの草で、トウダイグサと同じ仲間である。杯状花序という花の形も同じで、やはり切ると白い汁を出し有毒である。この草の特徴はその実。花の先から丸いイボ状の突起をぶら下げた実の姿はおもしろく、厚紙でつくったアートフラワーの雰囲気がある。

花の後にできる実。

毒草

クサノオウ

分　類：ケシ科
分　布：北海道～九州
生育場所：野原・畑の畔・石垣
目立つ時期：春～初夏（花）

🔍 **見分け方のポイント**　道端や石垣などの日向に生える高さ40～80cmの草だ。茎は中空で、葉やつぼみに白い縮れた毛がついて全体に白い粉をふいたようだ。4弁花の黄色の花は葉の緑色とマッチして明るく鮮やかである。折るとオレンジ色の汁が出る。これはアルカロイド系の毒を含む。漢方薬に利用するが有毒には変わりない。

クサノオウの新芽。

毒草

タケニグサ

ちゃんぱぎく

分　類：ケシ科
分　布：北海道〜九州
生育場所：野原・空き地・道端
目立つ時期：夏（花）

🔍 **見分け方のポイント**　荒れ地でよく見られる大形の草で、高さ2mにもなる。白い粉のふいた茎は太くたくましく、中空でタケに似ているからとこの名がついた。葉は大きく、切れ込みを浅くしたイチジクの葉のようだ。茎や葉を折ると出る橙黄色の汁が有毒成分を含む。秋、実の種が風とともに音を出し、おしゃべりしているようだ。

若葉でも特徴は出ているのでよく確認。

毒草

ムラサキケマン

分　類：ケシ科
分　布：北海道〜九州
生育場所：日陰の林縁や道端
目立つ時期：春〜初夏（花）

🔍 **見分け方のポイント**　道端や畑のそばの草むらなどに多く生えるやわらかい草で、角張った茎はまっすぐに立つ。葉に細かな切れ込みがあり、全体がみずみずしい。花は美しい赤紫色だ。海岸近くには花の黄色いキケマンが生える。どちらも全草にアルカロイド成分を含む毒草で、同じ科のエゾエンゴサクに似ているから要注意。

若芽は食べられそうに見えなくもない。

毒草

オキナグサ

分　類：キンポウゲ科
分　布：本州、四国、九州
生育場所：草地・河原や川岸の岩場
目立つ時期：春（花）

🔍 **見分け方のポイント**　草原に生える高山植物として人気のある草だ。茎や葉が絹毛に包まれる。下向きに咲く黒味を帯びた赤紫色の花の、花弁に似た6枚の萼の外側も白い毛で覆われている。花後、種を持つ長く白い毛の花柱が球状の穂になることから翁草という。解熱剤などの薬草ではあるが、素人が口にしてはいけない。

新芽も細かい毛に覆われている。

毒草

キツネノボタン

分　類：キンポウゲ科
分　布：北海道～九州
生育場所：湿気のある道端・水辺の周辺
目立つ時期：春～初夏（花）

🔍 見分け方のポイント　野山の日陰の湿地に生えるウマノアシガタと似た有毒植物だ。4～7月に咲く1cmほどの花の黄色い花弁は光沢がある。花の中心の緑色の雄しべは、やがてトゲトゲを持った丸いかわいらしい実になる。草全体に辛味があり、汁が肌につくと火ぶくれを起こす。アレルギーの人は炎症が全身に広がるので要注意だ。

果実はトゲトゲして特徴的だ。

毒草

ウマノアシガタ
きんぽうげ

分　類：キンポウゲ科
分　布：北海道〜九州
生育場所：畦道・野原・道端
目立つ時期：春（花）

🔍 **見分け方のポイント**　野原などに咲き、春の陽射しを浴びて5弁花を金色に光らせている。高さ30〜50cm。茎と葉には白い毛が生え、茎は中空である。花弁が八重のものをキンポウゲという。これらキンポウゲ科の新芽の頃は山菜に適したような姿をしているが、ほとんどにアルカロイドやアネモニンなどの有毒成分を含んでいる。

黄色い花は野原でよく目立つ。

毒草

トリカブト

分　　類：キンポウゲ科
分　　布：日本全国
生育場所：林床・草地・山道の道端
目立つ時期：夏～秋（花）

🔍 **見分け方のポイント**　秋、山野の林の中などに咲く。青紫色で烏帽子形の花は美しくやさしい面影だが、全草に猛毒を持つ植物である。特に根の部分に毒成分が多い。高さ30～100cmくらいだが、茎は細く倒れて弓なりになっていたりする。葉は山菜のニリンソウとよく似ていて混生しているので、芽出しの頃には特に注意しよう。

ニリンソウ（手前）との見間違いに注意。

毒草

フクジュソウ

元旦草

分　類：キンポウゲ科
分　布：北海道～九州
生育場所：林床
目立つ時期：早春（花）

🔍 **見分け方のポイント**　山地の木陰などに咲いているが、鉢植えなどで栽培され正月に飾る花として有名である。細かく切れ込む葉と黄金色に光る花がかわいらしい。野生では2～3月に開花するが、日中開いた花は夕刻にはつぼんでしまう。全草が有毒だが、特に根や根茎には心臓麻痺を起こすシマリンという成分を多く含んでいる。

フクジュソウの種。

毒草

ヨウシュヤマゴボウ

分　類：ヤマゴボウ科
分　布：各地（帰化）
生育場所：空き地・道端
目立つ時期：秋（実）

🔍 **見分け方のポイント**　アメリカ原産の帰化植物で、明治の初めに持ち込まれたものが野生化し、今では山地でも見られる。高さ1m以上も伸び、茎は太く枝を広げる。花は目立たないが、赤紫色のブドウのような実をつける頃は茎も赤くなり、派手な姿となる。実に毒はないが、根にはサポニン成分などの有毒成分が含まれている。

ブドウを思わせる房状で黒紫色の実。

毒草

ヒガンバナ

まんじゅしゃげ

分　類：ヒガンバナ科
分　布：日本全国
生育場所：田の畔・土手・墓地
目立つ時期：秋（花）

🔍 **見分け方のポイント**　田の畔や墓地など人と関わる場所に生えている、紅色のあでやかな花である。彼岸の頃、葉のない花茎を1本出し、その上にしべを長く外に突き出した花を咲かせる。葉は花の後に伸び、翌年の春には枯れてしまう。種子ができず球根が分球することで増えるが、この鱗茎がリコリン成分の毒を含んでいる。

ヒガンバナの鱗茎。

毒草

キツネノカミソリ

分　類：ヒガンバナ科
分　布：日本全国
生育場所：田の畦・土手
目立つ時期：秋（花）

🔍 **見分け方のポイント**　山野に生え、ヒガンバナと同じように花と葉の出る時期が異なる。カミソリにたとえられた線形の葉は春に伸び、夏には枯れる。その後、花茎を30～50cmくらい伸ばし、ユリのような形のオレンジ色の花を咲かせる。この花もヒガンバナと同じ有毒成分を含んでいる球根植物だが、黒く大きな種子もできる。

春に伸び始めた新芽。

毒草

スズラン
きみかげそう

分　類：スズラン科
分　布：北海道〜本州（長野、群馬県以北）
生育場所：草地・林床
目立つ時期：春（花）

見分け方のポイント　清純なイメージがあり詩などに詠まれることも多い草だが、血液の凝固作用から心不全を起こす強い毒成分を含んでいる。草原に群生し、2枚の葉の陰に白い鐘形の花を咲かせ、よい香りを放つ。花後に赤い実が数個ぶら下がる。山菜のギョウジャニンニクの芽出しの頃に似ているので、臭いをよく確認しよう。

食べられそうに見えるが毒草である。

毒草

チゴユリ

分　類：イヌサフラン科
分　布：本州〜九州
生育場所：林床・林縁
目立つ時期：初夏（花）

🔍 **見分け方のポイント**　山林に生える高さ15〜30cmほどの小さな草。細い茎は分枝することは稀で、少し傾（かし）いで立っている。長円形の葉はやわらかく、初夏に茎の先端に1個、花弁6枚の白い小さな花をつける。うっかりすると見過ごしそうなほど可憐で、稚児百合（チゴユリ）の名の由来でもある。葉は苦味が強く、根茎には毒成分がある。

新芽はナルコユリなどと誤食が多い。

毒草

ホウチャクソウ

分　　類：イヌサフラン科
分　　布：日本全国
生育場所：林床・林縁
目立つ時期：初夏（花）

🔍 **見分け方のポイント**　姿は似通っていても食用だったり有毒だったりするが、この毒草のホウチャクソウも山菜のアマドコロの芽出しの頃と区別しにくい。根が太くゴツゴツせず、ふつうの形であることが大きな違いだ。茎の上部で枝分かれし、そこに1～3個の筒形の白い花を下向きに咲かせる。葉や茎には苦味と悪臭がある。

毒草だが花は清楚な印象がある。

毒草

コバイケイソウ

分　類：メランチウム科
分　布：北海道〜本州（中部地方以北）
生育場所：湿気のある林床や草地・湿原
目立つ時期：初夏〜夏（花）

🔍 **見分け方のポイント**　山地の湿原に生える高さ１ｍ近くになる大形の草だ。葉はだ円形で縦のしわが多く、茎を抱くように生えている。７月頃、茎先に白い花穂の総状花をつける。この姿が群生しているさまは雄大だ。茎や根には強い毒成分を含み、この毒は殺虫剤にも利用されている。若芽の頃にギボウシ類との誤食が多い。

亜高山に多いコバイケイソウの花。

毒草

エンレイソウ
おおみつば

分　類：メランチウム科
分　布：北海道〜九州
生育場所：林床・林縁
目立つ時期：春（花）

🔍 **見分け方のポイント**　山地の林の中に生え、太く短い根茎から20cmほどの茎を伸ばす。茎の先端に3枚のスペードに似た大きな葉を輪生し、その中央に花弁のような3枚の萼片が開く。萼片が緑色のシロバナエンレイソウもある。芽出しの姿が三角帽子のようで、やわらかく山菜向きに見えるが、サポニンを含む有毒植物である。

萼片が緑色のシロバナエンレイソウ。

毒草

ミズバショウ

分　類：サトイモ科
分　布：北海道、本州（兵庫県以北）
生育場所：林内の湿地、湿原
目立つ時期：春（花）

🔍 **見分け方のポイント**　山の春の花で有名なミズバショウはサトイモの仲間で、大きな根茎を持ち地上には茎を出さない。スカーフのような白い部分は仏炎苞といい、花はこれに包まれた黄色の棒の部分である。この花はよい香りがするが、同じ仲間で悪臭を放つザゼンソウは仏炎苞も赤黒い。両方ともにサポニンを含み毒草である。

ザゼンソウは不気味な印象だ。

毒草

テンナンショウ類

分　類：サトイモ科
分　布：種類によって異なる
生育場所：山地の林内
目立つ時期：春〜夏（花）、秋（実）

🔍 **見分け方のポイント**　野山の薄暗い林の中に生えるテンナンショウ類に出会っても、緑色や濃紫色の地に白線のある仏炎苞を見ると、山菜として利用する気にはなれない。しかし、地中の球茎がイモのように太く、サトイモ科であることで勘違いをすると大変である。死に至る有毒成分を含む草だ。この仲間はみな有毒である。

マムシグサ（上）とその球根（下）。

山菜採りの楽しみ

山菜採りの準備

　自然の中にある食用に適した植物を山菜と称し、私たちはこの天の恵みを楽しみ、味わう。だが、いつでも、どこでも採取できるわけではない。気候や立地条件によって、同じ仲間であっても採取時期は異なってくる。最も食用に適した時期、いわゆる旬を味わいたい。それを見極めて山菜採りに出かけよう。

　散歩の途中でタンポポやツクシ、ヨモギを摘むのも、海や高原へ足を延ばすのも同じ山菜採りだ。服装や用具に難しい決まりはない。ただ楽しいはずの山菜採りに事故があったら台無しだから、採取の目的に合わせて準備をすればよい。まず行動しやすいことが第一だ。両手を常に自由に使うためにはザックを背負う。山菜の生えている場所は虫などが多い。虫刺されや木の棘などから身を守るには、長袖シャツと首に手ぬぐいを巻くとよい。足まわりは、水辺ばかりでなく草むらなどにもゴム長靴がおすすめだ。薮やマムシの危険にも心強い。ツタや枝を除けたり引き寄せたりするのに棒を持って歩くと重宝する。車で出かける場合には、葉ものを包むのにぬれ新聞紙とビニール袋、発泡スチロールの箱などを用意すると便利だ。

家のまわりなど、何気ないところでも山菜採りはできる。

野山の幸を楽しむために、最低限の準備は怠らないようにしよう。

■用意するもの■

- 帽子
- タオル
- 引き寄せ棒
- 長袖シャツ
- 軍手
- 長ズボン
- ゴム長靴
- ザック
- 防虫スプレー・虫刺され薬
- 絆創膏
- ナイフ
- スコップ
- ロープ
- ぬれタオル
- ゴム手袋
- 大小のビニール袋
- 発泡スチロールの箱
- ぬれ新聞紙
- 採取用のカゴ

山菜採りのマナー

　山菜採取のときのわずかな注意や、自然への思いやりを忘れたばかりに、その植物がこの地から消失してしまう例がいくつもある。見つけ次第全部採ってしまうなどの乱獲を防ぐのはもちろんだが、ウドやタケノコ、ノビルなど土を掘り返したら必ず穴を埋め戻しておく。ブドウやアケビなどのツルものは、根元を切って引き下ろすという乱暴な採取をしない。タラノキやクサソテツなど、出た芽を全て採るのではなく、1番芽やせいぜい2番芽までの採取にとどめるなどが、山菜採りの基本マナーである。国公立の公園内や資源保護地域、また山菜がその地域の生活の糧になっている場合（ジュンサイやゼンマイなど）に、注意書きや看板が立っていたりする。そのような地域には決して立ち入ってはいけない。また何もなくとも、山へ入るときなどは地元の人に声を掛ける心遣いが欲しい。また山菜ばかりに気を取られ、まわりの植林したばかりの若木や貴重な植物を踏み荒らす失敗にも注意だ。どれも、ささいな当たり前のことばかりだが、古くから親しんできた間柄の山菜だからこそ、1人ひとりがルールを守り、次の世代へ残していかなくてはならない。

山菜採りの危険

　フキノトウが雪の間から顔を出し、いよいよ山では山菜採りのシーズンが始まる。だが美しくやさしい自然は、常に危険と背中合わせだということを認識しなければいけない。天候の急変や気温の変化で思わぬ事故が起こる。早春の川は雪解け水で流れも速く冷たい。岩などがまだ凍っていてすべりやすい。梅雨時の大雨による増水にも注意がいる。早春や晩秋のクマとの遭遇を防ぐには、腰には鈴をつけ、こちらの所在を教えればよい。フキ採りの頃の初夏はマムシが子を産む時期で注意がいる。ゴム長靴で足を守り、先を棒でたたきながら歩く。木の実の季節はスズメバチの気が荒くなる。むやみに追い払わず、まず退散することだ。これらの生きものにあっても騒ぎ立てず、万が一刺されたり噛まれたら、できるだけ早く病院へ向かう。1人歩きは避けて、お互いの所在を確認できる声の届く範囲で行動するのも、危険を避けるのに有効だ。地元の人の注意の呼びかけにも素直に従うのが鉄則。どんな場合でも無理をせず、今回がだめなら次回に楽しみを取っておく余裕と、慎重な行動をとれば事故は未然に防げる。万全の準備で楽しく出かけよう。

最近、都市部でも増えているスズメバチ。その毒は強力で、体質によっては命に関わる。

ツキノワグマにとっても山菜はご馳走。山深い場所では出会う危険も高い。

薮や渓流などに多いマムシ。見つけても下手に手出しをしてはいけない。

基本的な調理手順

■天ぷら

アクの強い山菜（タラノキ、ハリギリ、ハンゴンソウなど）は特に天ぷらによく合う。揚げることでアクが抜け、旨味が残る合理的な料理方法である。ただしアクの強い山菜は揚げ油がアクで汚れ、他の山菜の色や味が悪くなる。揚げる順番を考慮しよう。

①揚げ油を火にかけ170℃くらいに熱する。その間に小麦粉を水で溶き、薄めの衣をつくる。粘りが出ると重い天ぷらになるので、粉の粒が残る程度にさっくりと混ぜ、あまりかき混ぜない。

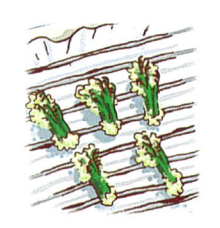

②小さな葉ものやコゴミのようなものは2〜3個まとめて揚げる。タラの芽などは株のまま、衣を茎の元と葉の片面だけにつけて揚げる。キクやレンゲなどの花は裏側（萼）の部分に衣をつけて短時間でサッと揚げる。色を美しくするためには、衣の中に酢を数滴落とすとよい。揚げ過ぎず、色よくカラッと揚げることがコツだ。

③揚がったものは、互いに重なり合わないよう、できるだけ立てるようにしてバットに移して油を切る。熱い揚げたてを塩や天つゆで食べるのがおいしい。

■おひたし、あえもの、煮もの

①塩を入れ充分に煮立てた湯に山菜を入れてゆでる。ゆで加減は材料によって異なるが、ふつう根元を指でつまみ、やわらかければよい。質のやわらかいニリンソウなどはサッと湯通しする程度でよく、葉と茎のかたさが違うものは、根元から先に鍋に入れ均一にする。

②ゆで上がったものは素早く冷水にさらすことで色鮮やかになる。噛んでみて苦味などアクが抜けていなければ、数回水を替えて長時間さらすが、いつまでもさらして香りや味を失わないようにするのがポイントだ。ザルなどに上げて水気は充分に絞る。

③適当な長さに切って、かつお節やシラス干しをのせて醤油をかけておひたしにする。またそれぞれの材料にあったゴマや味噌、マヨネーズであえたあえものが楽しめる。いずれのあえものも食べる直前にあえる。時間が経つと水っぽくなって味が台無しになってしまう。

④煮ものはタラの芽を例にすると、株のまま①②の手順で進み、鍋にだし汁、酒、みりん、醤油、砂糖少々を入れて煮立て、タラの芽を入れてひと煮立ちさせ、火を止めてそのまま冷まして味を含ませる。煮過ぎて青色を損なわないように。材料によっては生のまま調理する。

■ジャム

①山や野の幸の木の実をジャムに変身させて、オリジナルの自然食品をつくってみてはどうだろうか。
キイチゴなどの実はよく洗い、水気を充分に切って鍋に入れ、砂糖を振りかけておく。しばらく置くと水分が出てくる。ヤマブドウは実を房からはずし、押しつぶして少し水気を出しておく。

洗う
水切り
鍋に入れる

②弱火にかけてこげないようにかき混ぜながら煮る。ヤマブドウは煮ていると果汁が出てくる。果汁が充分に出たら、布巾などを使い絞るようにして皮や種子を濾す。

かき混ぜながら煮る

レモン汁　砂糖

③途中、甘味が少なければ砂糖を加え、酸味が欲しければレモン汁を入れて煮つめていく。果汁を中火にかけ、アクを取りながら煮ていく。途中で数回に分けて好みの甘さの量になるよう砂糖を加える。

小ビンに詰めて
完成！

④鍋に固まりがつくようになったら弱火にして絶えずかき混ぜながら煮つめていく。ジャムは冷めるとかたくなる。コップに水を入れジャムを落とし、ジャムが固まりながら沈んだら火を止めるのがポイントだ。煮つめすぎに注意しよう。

■果実酒

せっかく採取しても生食できないクサボケやチョウセンゴミシなど、またジャムなどにするには量が足りないときは、果実酒をつくろう。基本的なことを守れば決して難しくなく、よくいう分量や仕込む日数は標準にすぎない。好みの糖分や酸味などを加減して料理をつくるのと同じ気持ちで楽しもう。

①果実を水洗いし、柄や汚れを除く。このとき、洗剤や食塩水は使わない。水分をよくふき取る。酸味を補うためのレモンはぬるま湯で洗いワックス類を落とし、冷水をかけてから水分をふき取っておく。

②焼酎の2倍量が入る密封できるビンを用意する。果実、35℃の焼酎、純度の高い氷砂糖かグラニュー糖などを実の1/3の量、好みでレモンを入れて仕込む。果実は若いうちは酸味が強く、熟したものは香りの強い酒になる。

③仕込んだ後は日当たりを避け、冷暗所に置く。ただし冷蔵庫は禁物だ。糖分が溶け酒によい色や香りが出たら実を取り出し、ガーゼやろ紙で漉してからお気に入りのビンに詰め替え、密封して熟成させる。ビンに果実名や仕込み日を書いたラベルを貼ると便利だ。

索　引

※青字は別名

ア行

あいこ	176〜177
あいたけ	176〜177
あいぬぬぎ	192〜193
あおぜんまい	210〜211
アカザ	76〜77
あかずみ	178〜179
アキグミ	47
アケビ	166〜167
アケビ類	166〜167
あさしらげ	74
アサツキ	228〜229
浅間ぶどう	130〜131
アザミ類	100〜101
あしたぐさ	216〜217
アシタバ	216〜217
あじのき	80
あずきな	52〜53
あぶらっこ	142〜143
アマドコロ	196〜197
あめふりばな	32〜33
あららぎ	205
ありこ	29
アンニンゴ（杏仁子）	156〜157
イケマ	34〜35
いそだいこん	222〜223
イタドリ	188〜189
イチイ	205
イチョウ	95
いちろべごろし	255
いどばす	68〜69
イヌドウナ	108〜109
イヌビユ	75
イヌビワ	230
イヌマキ	231
芋の木	142〜143
いわかずら	68〜69
イワガラミ	164〜165
いわぶき	68〜69
ウグイスカグラ	120〜121
うけら	112〜113
ウコギ	42〜43
ウド	138〜139
うはぎ	14〜15
うまなずな	76〜77
ウマノアシガタ	263
うめばちも	238〜239
うるい	194〜195
うるしづた	253
うわおろし	112〜113
ウワバミソウ	178〜179
ウワミズザクラ	156〜157
エゾエンゴサク	170〜171
えぞねぎ	192〜193
エビガライチゴ	66
えら	176〜177
エンレイソウ	273
おおあらせいとう	73
オオイタドリ	188〜189
オオバギボウシ	194〜195
オオバコ	29
オオバユキザサ	198〜199
オオマツヨイグサ	44〜45
おおみつば	273
オカヒジキ	226〜227
オキナグサ	261
おぎょう	16〜17
オケラ	112〜113
オニグルミ	182
おはぎ	14〜15
オモダカ	244
オヤマボクチ	102
オランダガシラ	234〜235
おんこ	205
おんばこ	29

カ行

ガガイモ	34〜35
かから	92
カジイチゴ	67
かたじろ	144〜145
カニコウモリ	103
ガマズミ	122
カヤ	204
カラスノエンドウ	50〜51
からだけ	94
カラハナソウ	81
かわまつ	238〜239
がんだちいばら	92〜93
元旦草	265
かんぴょう	90〜91
キイチゴ類	64〜67
キキョウ	26〜27
キクイモ	24〜25
ギシギシ	78〜79
キツネノカミソリ	268
キツネノボタン	262
木の下	104〜105
木の芽	154〜155、166〜167
キバナアキギリ	123
ギボウシ類	194〜195
きみかげそう	269
ギョウジャニンニク	192〜193
キンギンボク	247
ぎんなん	95
きんぽうげ	263

クコ……………………30	さわらび………206〜207	ズミ ……………………158
クサギ……………124〜125	サンカクヅル……148〜149	セリ ……………………36〜37
くさぎり…………124〜125	さんきな…………………92	ぜんご……………210〜211
クサソテツ………208〜209	さんしょ…………154〜155	ぜんていか…………90〜61
クサノオウ ……………258	サンショウ………154〜155	せんの木…………140〜141
クサボケ……………60〜61	さんぼんあし……162〜163	ゼンマイ…………210〜211
クズ…………………54〜55	さんやく……………86〜87	ぜんめ……………210〜211
クマイチゴ…………64〜65	しいのみ………………186	ソバナ……………116〜117
グミ類………………46〜47	シイ類…………………186	そばな……………168〜169
クレソン…………234〜235	シオデ……………200〜201	
くれたけ…………………94	シオデ類…………200〜201	**夕 行**
クロマメノキ……130〜131	しおのき………………254	
くわで……………180〜181	じだけ……………202〜203	田植えぐみ………120〜121
げえろっぱ………………29	しどけ……………104〜105	たがらし…………………72
げげばな……………58〜59	しどみ………………60〜61	タケニグサ ……………259
ケヤマウコギ……………43	地梨…………………60〜61	たけのこ…………202〜203
ケンポナシ ……………150	じねんじょ…………86〜87	たず………………………28
コウゾ……………………80	柴栗………………184〜185	たすのき…………………28
コオニタビラコ…………20	シャク………………40〜41	たぜり………………36〜37、72
ごきょう……………16〜17	しゃじん…………116〜117	タチシオデ………200〜201
こくわ……………146〜147	しゃみせんぐさ……70〜71	たにわたし…………52〜53
コケモモ…………126〜127	じゅうやく…………84〜85	タネツケバナ……………72
ここみ……………208〜209	ジュンサイ………242〜243	たびらこ…………………20
コシアブラ………142〜143	シュンラン………190〜191	たまひる……………88〜89
こしゃく……………40〜41	しょうで…………200〜201	たら………………136〜137
子梨……………………158	しょかつさい……………73	タラノキ…………136〜137
コバイケイソウ ………272	しょでこ…………200〜203	たらの芽…………136〜137
コヒルガオ…………32〜33	しらくちづる……146〜147	たらんぼ…………136〜137
こぶのき…………………28	シラタマノキ …………129	タンポポ……………22〜23
ごみし …………………174	シラヤマギク………18〜19	チゴユリ ………………270
こもちばな………168〜169	シロザ………………76〜77	チシマザサ（ネマガリタケ）
コンフリー………………31	シロバナヘビイチゴ	…………………202〜203
	…………………62〜63	乳っぱ……………118〜119
サ 行	すいかんしょ………78〜79	ちゃんばぎく …………259
	すいかんぼ………188〜189	チョウセンゴミシ ……174
さしがら…………188〜189	すいじゅ……………78〜79	月見草………………44〜45
さとなすな…………76〜77	すいたぐわい …………244	ツクシ（スギナ）……96〜97
サルトリイバラ……92〜93	スイバ………………78〜79	つくしんぼ…………96〜97
サルナシ…………146〜147	すかんぽ	ツタウルシ ……………253
サワオグルマ …………232	…………78〜79、188〜189	ツノハシバミ …………187
サワギキョウ …………246	スズラン ………………269	つやぶき…………214〜215
さわわさび………236〜237	スダイジ ………………186	

ツリガネニンジン ……118〜119	ヌルデ ……254	ヒシ ……233
ツルアジサイ ……164〜165	ねこずら ……144〜145	ひずる ……74
ツルグミ ……47	ねじろぐさ ……36〜37	ひでこ ……200〜201
ツルコケモモ ……128	ナマガリタケ（チシマザサ） ……202〜203	ヒョウタンボク ……247
ツルナ ……224〜225	ノウゴウイチゴ ……62〜63	ヒヨドリジョウゴ ……249
つわ ……214〜215	ノウルシ ……257	ヒルガオ ……32〜33
ツワブキ ……214〜215	のえんどう ……58〜59	ヒレハリソウ ……31
テンナンショウ類 ……275	ノカンゾウ ……90〜91	ひろ ……88〜89
とうきち ……104〜105	のげし ……21	ひろっこ ……88〜89
トウダイグサ ……256	のだいこん ……222〜223	びんぼうかずら ……48〜49
ドクウツギ ……255	のびゆ ……75	フキ ……10〜11
ドクゼリ ……251	ノビル ……88〜89	ふきのとう ……10〜11
どくだめ ……84〜85		フクジュソウ ……265
どくとまり ……84〜85		ふくべら ……168〜169
トチノキ ……151	## ハ行	ふたばはぎ ……52〜53
ととき ……118〜119	バイカモ ……238〜239	ブナ ……183
どどの実 ……180〜181	はぎな ……14〜15	フユイチゴ ……66
トリアシショウマ ……162〜163	ハコベ ……74	フレップ ……126〜127
トリカブト ……264	はこべら ……74	へくさぎ ……124〜125
とりのあし ……162〜163	はじかみ ……154〜155	ぺんぺんぐさ ……70〜71
	はしぎ ……152〜153	ほうこぐさ ……16〜17
## ナ行	はしのき ……152〜153	ほうだら ……140〜141
ナガバモミジイチゴ ……67	ハシリドコロ ……248	ホウチャクソウ ……271
ナズナ ……70〜71	ハチク ……94	ホオノキ ……172〜173
ナツグミ ……46〜47	八丈草 ……216〜217	ほくろ ……190〜191
ナナカマド ……159	ハナイカダ ……134〜135	ボタンボウフウ ……219
七つ葉 ……114〜115	はなぐわい ……244	ほとけのざ ……20
ナルコユリ ……196〜197	ハナダイコン ……73	ほんがや ……204
ナワシロイチゴ ……64〜65	ハハコグサ ……16〜17	ぼんさん ……124〜125
ナワシログミ ……47	はびゆ ……75	
ナンテンハギ ……52〜53	はびょう ……75	## マ行
ナンブアザミ ……101	ハマエンドウ ……220〜221	まきのき ……231
ニセアカシア ……56〜57	はまぎい ……218〜219	マタタビ ……144〜145
ニリンソウ ……168〜169	浜ぢしゃ ……224〜225	マツブサ ……175
ニワトコ ……28	ハマダイコン ……222〜223	ままっこ ……134〜135
にんじんば ……40〜41	ハマボウフウ ……218〜219	マメグミ ……47
ぬなわ ……242〜243	ハリエンジュ ……56〜57	マルバフユイチゴ ……67
ぬのば ……118〜119	ハリギリ ……140〜141	まんじゅしゃげ ……267
ぬびる ……88〜89	ハルノノゲシ ……21	みず ……178〜179
	ハンゴンソウ ……114〜115	みずがしら ……72
	ヒガンバナ ……267	みずせり ……36〜37

ミズバショウ …………274	ヤマドリゼンマイ
みずひじき ………238〜239	………………210〜211
みずぶき …………10〜11	やまな …………162〜163
みず菜 …………178〜179	ヤマナシ …………160〜161
ミツバ …………38〜39	山にんじん …………40〜41
ミツバアケビ …166〜167	ヤマノイモ ………86〜87
ミツバウツギ …152〜153	ヤマブキショウマ
三つ葉ぜり ………38〜39	………………162〜163
みねば …………118	ヤマブドウ ………148〜149
ミヤマイラクサ …176〜177	ヤマボウシ …………133
むこな	山三つ葉 …………38〜39
………18〜19、134〜135	ヤマモモ …………82〜83
ムラサキケマン ………260	やまわさび ………236〜237
むらさきはなな …………73	やわらび …………206〜207
もぐさ …………12〜13	ユキザサ …………198〜199
もちぐさ …………12〜13	ユキノシタ ………68〜69
モミジガサ ………104〜105	ユリワサビ ………236〜237
モリアザミ ………100〜101	宵待草 …………44〜45
森いちご …………62〜63	ヨウシュヤマゴボウ …266
	よしな …………178〜179
ヤ行	ヨブスマソウ ……108〜109
	ヨメナ …………14〜15
やいとばな …………12〜13	ヨモギ …………12〜13
やおやほうふう …218〜219	
やちうど …………114〜115	**ラ行**
やちぶき …………232	
ヤナギイチゴ …………67	リュウキンカ ……240〜241
やはずえんどう …50〜51	リュウノウギク …110〜111
ヤブガラシ …………48〜49	リョウブ …………132
ヤブカンゾウ ………90〜91	レンゲソウ（ゲンゲ）
ヤブレガサ ………106〜107	………………58〜59
やまいも …………86〜87	レンゲツツジ …………250
やまうこぎ …………42〜43	
山うど …………138〜139	**ワ行**
ヤマウルシ …………252	
山かんぴょう ……194〜195	ワサビ …………236〜237
山ゴボウ …………100〜101	ワラビ …………206〜207
ヤマグリ …………184〜185	わらびな …………206〜207
ヤマグワ …………180〜181	
山そば …………183	
山ととき …………116〜117	

著者略歴

今井國勝（いまい　くにかつ）

1938年東京生まれ。高校時代より登山を始め、高山植物に愛着をおぼえる。サラリーマン生活を経た後、長野県霧が峰高原で山小屋の管理をしながら植物を中心とした自然写真を撮り始める。現在は長野県坂井村に移り住み、撮影活動を続けている。主な著書に『ユリのふしぎ』（あかね書房）、『テンはロッジのお客さん』（あかね書房・共著）、『旬を見つける山菜・木の実』（永岡書店・共著）などがある。

今井万岐子（いまい　まきこ）

1943年東京生まれ。学生時代より野山を歩き、動植物に関心を抱く。今井國勝氏と結婚後、霧が峰高原の生活の中で、自然との対話のすばらしさを知る。現在は書籍や雑誌などで幅広い執筆活動を続けている。主な著書に『テンはロッジのお客さん』（あかね書房・共著）、『旬を見つける山菜・木の実』（永岡書店・共著）がある。

写真協力：ネイチャー・プロダクション
イラスト：荒井真紀　マキノタカヒロ
デザイン：月本由紀子
編集協力：ネイチャープロ編集室（三谷英生・安延尚文）

見つけたその場ですぐわかる 山菜ガイド

発行者／永岡純一
発行所／株式会社永岡書店
　　　　〒176-8518　東京都練馬区豊玉上1-7-14
　　　　☎03(3992)5155(代表)
印　刷／ダイオーミウラ
製　本／ヤマナカ製本

落丁本・乱丁本はお取り替えいたします。
本書の無断複写・複製・転載を禁じます。
ISBN978-4-522-41029-5　C2276